U0338966

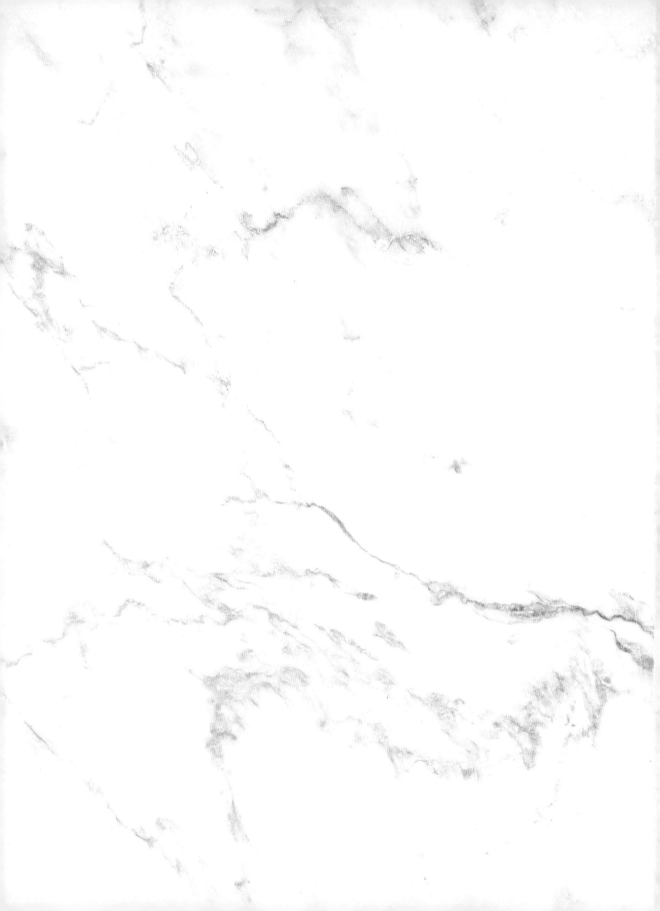

Le
MANUEL
du
GARÇON BOUCHER

饮食生活新提案
·······

肉料理
原来是这么回事儿

LE MANUEL DU GARÇON BOUCHER

ARTHUR LE CAISNE ○ AQUARELLES DE JEAN GROSSON

［法］亚瑟·勒凯恩—著

［法］让·格洛松—绘

周劲松—译

中信出版集团 | 北京

图书在版编目（CIP）数据

肉料理原来是这么回事儿/（法）亚瑟·勒凯恩著；
（法）让·格洛松绘；周劲松译.--北京：中信出版社，
2019.7（2020.5重印）
（饮食生活新提案）
ISBN 978-7-5086-9943-1

Ⅰ.①肉… Ⅱ.①亚… ②让… ③周… Ⅲ.①西式菜
肴－荤菜－菜谱 Ⅳ.① TS972.188

中国版本图书馆 CIP 数据核字 (2019) 第 013710 号

Le MANUEL du GARÇON BOUCHER by ARTHUR LE CAISNE
Copyright© Marabout (Hachette Livre), Paris, 2017
Current Chinese translation rights arranged through Divas International,
Paris (www.divas-books.com).
Simplified Chinese translation copyright © 2019 by CITIC Press Corporation
ALL RIGHTS RESERVED

肉料理原来是这么回事儿

著　者：［法］亚瑟·勒凯恩
绘　者：［法］让·格洛松
译　者：周劲松
出版发行：中信出版集团股份有限公司
　　　　　（北京市朝阳区惠新东街甲4号富盛大厦2座　邮编　100029）
承 印 者：北京利丰雅高长城印刷有限公司

开　本：787mm×1092mm　1/16　　印　张：15.25　　字　数：120千字
版　次：2019年7月第1版　　　　　印　次：2020年5月第2次印刷
京权图字：01-2018-2590　　　　　广告经营许可证：京朝工商广字第8087号
书　号：ISBN 978-7-5086-9943-1
定　价：98.00元

图书策划　雅信工作室
出版人　王艺超
策划编辑　牟璐
责任编辑　玄承智
营销编辑　段媛媛　杨思宇
装帧设计　左左工作室

出版发行　中信出版集团股份有限公司

服务热线：400-600-8099　网上订购：zxcbs.tmall.com
官方微博：weibo.com/citicpub　官方微信：中信出版集团
官方网站：www.press.citic

特别的一天

着手写这本书之前，我认为需要做好坚实的知识储备，就像一座房子需要墙壁和梁柱的支撑一样，所以我找到了各种研究资料。我读了很多相关书籍，数量真是不少；也结识了很多人，与他们讨论相关问题，这些人包括养殖户、屠宰业的知名人士、餐厅老板……但这些交流还是停留在很泛泛的层面，没有产生什么让人惊喜的结果。当时我还有点儿沮丧，觉得这本书没法写了……

然而有一天，我去见了一位屠夫和一位养殖户。屠夫在桑斯市（Sens），而养殖户在博纳市（Beaune）附近。这么描述或许不是太准确，他们不是单纯的屠夫和养殖户，名字分别叫作让·德诺（Jean Denaux）和弗莱德·梅纳吉尔（Fred Ménager）。很荣幸的是，今天我可以直接叫他们的名字让和弗莱德了。目前，无论在法国还是其他国家，两人在肉类及其加工领域都是最为权威的人士。您可能没有听说过他们，因为他们并不是明星，他们专注于培育品质出色又少见的肉禽类，简直可以说是这个行业里的"高级时装定制师"了。

我与让·德诺认识得最早，他是法国肉类熟成（Maturation）领域最为权威的专家。他从不提"熟成"这个词，而是用"精化"（D'affinage）。他处理肉类的时候就好像奶酪师在精心处理奶酪，或者知名酒庄酿酒师精心看管自己的名酒一样。

我们交流了很长时间，我不仅记下了他所说的全部内容，更被他对这个行业的理解和拥有的知识折服。我听他给我讲关于肉类的事情，为他犀利的蓝眼睛和纤长有力的双手倾倒。我能感受到他身上蕴藏的力量和智慧，这真令人着迷。

然后我去见了弗莱德·梅纳吉尔，毫无疑问他在禽类领域是非常权威的专家。就在一天下午，我去拜访他，他给我介绍了饲养的禽类，其中甚至有些被认为已灭绝的品种，他参与了这些品种的复活工作。

弗莱德是一位极具魅力的人，他绝顶聪明，并拥有难以想象的知识储备。他对所饲养的禽类充满了爱，其培育的禽类品质非凡，甚至可以说无与伦比。另外，他提供的信息珍贵又准确，因此我记了一篇又一篇的笔记。

这本书的起点就在这个下午。我找到了一直在寻找的东西：智慧、知识、热忱、愿景和分享……

感谢让，感谢弗莱德，感谢你们让我度过了难忘的一天，也感谢你们在此之后的所有分享。

目　录

肉的世界

最顶级的品种牛

牛肉滋味的好坏并不取决于它的肌肉纤维或脂肪分布，
无论脂肪混在肌肉纤维中还是包裹着肌肉纤维，
每个品种的肉牛都有自己独特的风味。
肉牛的饲料，养殖场的气候状况，养殖场及其周边环境，都对肉的风味有影响。
甚至养殖户对肉牛的关注也能影响牛肉的品质，因为肉牛对外界的压力很敏感。

顶级中的顶级

松阪牛 Le Matsusaka

　　松阪牛不是一个独立的肉牛品种，它因源自日本的黑毛和牛而得名。在日本大阪的田岛山谷，未经交配的小母牛会被拍卖，随后养殖户将这些小母牛带到日本三重县中部——松阪市。这些牛每两头一起进行饲养，主要是通过谷物增肥，这些谷物包括：水稻茬、大麦、酿造啤酒后的谷物残渣。为了避免这些肉牛过于紧张，养殖户们会经常播放音乐。当地气候温和，水质纯净，也是这种肉牛风味好的原因之一。松阪牛以其脂肪闻名：并不是肌肉包裹着大理石纹理般的脂肪，而是脂肪中镶嵌着肌肉纤维。松阪牛肉口感特殊，脂肪入口即化，带着妙不可言、不可思议的脂香和肉汁。平生必要品尝过松阪牛肉，才能理解这种难忘的感觉。

母牛体重： 700千克，**母牛胴体重[1]：** 400千克

加利西亚红牛 Rubia Gallega

　　这种牛来自西班牙西北部靠近大西洋的加利西亚地区，与法国阿基坦地区的金牛是近亲，在法国也有养殖。加利西亚红牛曾经是既作为肉牛又作为奶牛的混合品种。一般来说，养殖户们会饲养这种牛8年至15年，时间远远超过那些盎格鲁－撒克逊品种牛。1933年，加利西亚红牛的养殖标准正式确立。这种牛吃的是肥沃又被海雾滋润过的草饲料。养殖地的气候也很温和，这种牛全年放在室外散养也不会受到刺激。牛肉的特点是脂肪会在肌肉内外生长，含脂量高又有特殊香味，混杂着香料、动物脂香和海盐的味道。分布均匀呈雪花状的脂肪经过烹饪在口中余味悠长，令人赞叹！加利西亚红牛肉与松阪牛肉均被誉为世界上最好的牛肉。

公牛体重： 900—1000千克，**母牛体重：** 650—700千克
母牛胴体重： 380千克

1　　译者注：胴体重，是指活牛被屠宰后，经过放血、剥皮，去除头部、四蹄和内脏后的重量。

顶级

梅赞细脂肪牛 Le fin gras du Mézenc

梅赞不是肉牛品种，而是法定产区（AOC）。梅赞细脂肪牛包括萨莱斯牛（Salers）、夏洛来牛（Charolais）、奥布拉克牛（Aubrac）、利木赞牛（Limousine）和它们之间杂交产生的肉牛。养殖区在法国中央高原区（Massif Central）东部，气候特征是冬长春短。细脂肪牛主要的饲料是含有丰富长纤维的干草，屠宰时间大概在2月1日至5月31日期间。肉质细嫩且有香芹味道，但只有用慢火长时间烹饪才能体现这种肉质出色的特点。

公牛体重：850—1400千克，**母牛体重**：550—900千克

母牛胴体重：300—500千克

荷斯坦牛 La Holstein

荷斯坦牛在比利时被称为黑牛而在法国被称为黑白花牛，原产于北海岸，即大西洋靠近西北欧的区域。它被认为是世界最佳产奶品种，如果在饲养期间未受到惊吓、无压力，荷斯坦牛也可以提供出色的牛肉，尤其是在北欧肥美的绿草坪上饲养的牛。肉质细嫩，富含脂肪纹路，香气浓郁。

公牛体重：900—1200千克，**母牛体重**：600—700千克

母牛胴体重：330—380千克

阿伯丁安格斯牛 L'Aberdeen Angus

阿伯丁安格斯牛不能与集中喂养的美国黑安格斯牛混为一谈，美国黑安格斯牛饲料中含有大量的抗生素和高蛋白质。我们说的阿伯丁安格斯牛，来自苏格兰东北部的阿伯丁郡和安格斯地区，这些牛在当地靠肥沃的鲜草饲养。体形中等，但抵抗力强，成熟期特别短。阿伯丁安格斯牛肉质细嫩，带有香芹味道，脂肪分布均匀漂亮。

公牛体重：800—1000千克，**母牛体重**：650—700千克

母牛胴体重：340—380千克

高地牛 La Highland

高地牛来自苏格兰西北部高地，当地丘陵与山脉纵横，植被贫瘠。高地牛在这种偏远又恶劣的环境中生存，体形较小。它在冬季会有一层长毛覆盖取暖，而在夏季长毛会自然脱落。牛肉颜色深红，肌肉间的脂肪块很大，带有香芹味和一丝野草的香味。

公牛体重：800—1000千克，**母牛体重**：500—600千克

母牛胴体重：270—330千克

顶级肉牛品种

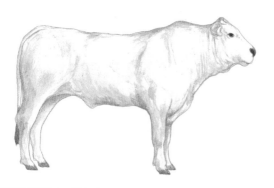

契安尼娜牛 La Chianina

契安尼娜牛产自意大利托斯卡纳地区的契安尼娜山谷，这毫无疑问是世界上最为古老的品种——大约有2000年的历史。它也是世界上体形最大的肉牛品种，成年公牛高达1.8米。契安尼娜牛最初是作为耕种或牵引牛使用的，后来才用作著名的佛罗伦萨T骨牛排。它的肉油脂不多，但香味十足，会散发出一些草的香气。

公牛体重： 1100—1300千克，**母牛体重：** 800—1000千克
母牛胴体重： 440—550千克

巴萨岱牛 La Bazadaise

巴萨岱牛毫无疑问是法国养殖牛里最为古老的品种，它是西班牙伊比利亚与法国阿基坦牛的杂交品种，最初是法国波尔多地区农业耕作用牛。第二次世界大战后差点灭绝，仅有几家养殖户仍在饲养，至今数量仍较少。巴萨岱牛的肌肉颜色深红，与安格斯牛及长角牛的牛肉类似。令人遗憾的是这个品种比较难找到。

公牛体重： 800—1000千克，**母牛体重：** 650—750千克
母牛胴体重： 340—410千克

长角牛 La Longhorn

长角牛源自英格兰，它是最为古老的纯英格兰血统品种，以其牛角的形状及长度闻名。1980年以前，长角牛在英格兰养殖牛中占绝对主导地位，此后却逐渐消失。英格兰长角牛不可与美国得克萨斯州长角牛混淆，因为得州长角牛是源自西班牙的品种。长角牛是纯肉牛品种，肉质紧密，味道浓郁，入口后余味悠长，肌肉和脂肪比例也非常不错。

公牛体重： 900—1000千克，**母牛体重：** 550—600千克
母牛胴体重： 300—330千克

奥布拉克牛 L'aubrac

奥布拉克品种体形中等，擅长在山地行走觅食，肌肉结实，来自法国中央高原。它不挑食，不同季节能接受不同的饲料，但它更喜欢吃春夏肥厚多汁的草料。春夏两季中央高原四十多种肥厚多汁的草料给奥布拉克牛的肉质带来特殊的植物香气，这是别的地方所不能培养出的效果。

公牛体重： 850—1100千克，**母牛体重：** 550—750千克
母牛胴体重： 310—420千克

萨莱斯牛 La Salers

　　萨莱斯牛来自法国中央高原地区，是体形较大且结实的品种，肤色深红近似红木色，冬季全身有长毛覆盖。它能很好地承受这个地区冬季与夏季温差大的气候，曾作为优质奶牛品种养殖，现今因其肉质深红且结实而作为肉牛饲养。

公牛体重： 1000—1300千克，**母牛体重：** 650—900千克

母牛胴体重： 360—450千克

夏洛来牛 La Charolaise

　　夏洛来牛原产地为索恩－卢瓦尔地区，肌肉结实，是法国最为常见的奶牛。它的适应能力非常强，生长快，非常受国际市场欢迎。公牛通常用来配种改进其他品种牛的质量，只有在品尝法定产区夏洛来牛肉时，我们才能了解夏洛来牛的品质：大理石纹理的脂肪混在肉中，鲜嫩多汁，有咀嚼感，散发草本植物香气及动物香气。

公牛体重： 1000—1400千克，**母牛体重：** 700—900千克

母牛胴体重： 380—500千克

西门塔尔牛 La Simmental

　　西门塔尔牛属于交配品种，是乳、肉、役兼用牛，源自瑞士西门（Simme）河谷，属于红色皮毛的大家族。西门塔尔牛四肢强劲，能适应各种气候，也不挑食，能吃品质中等的饲料。在法国被称为"法国西门塔尔"。无论是奶牛还是肉牛，这个品种都非常受欢迎。肉质富有弹性，大理石纹理的脂肪细致，口感丰富，咀嚼感好。

公牛体重： 1000—1250千克，**母牛体重：** 700—800千克

母牛胴体重： 380—440千克

红色草原牛 La Rouge Des Prés

　　红色草原牛体形较大，臀部肌肉多。曾经被称作缅因－安茹牛，来自曼塞勒牛与英国杜伦牛的杂交，白皮红花。这个品种进入成熟期快，同时易增肥，也是繁殖双胎率最高的品种。肉质细嫩多汁，味道醇厚。

公牛体重： 1100—1450千克，**母牛体重：** 750—850千克

母牛胴体重： 410—470千克

海福特牛 La Hereford

海福特牛为英格兰品种，来自英格兰西部靠近威尔士的赫里福德郡。现在是纯肉牛品种，但曾经身兼三职——产奶，供肉和耕作。体形中等，四肢结实，有很好的抵抗力，成熟快，可细分为有角和无角（Polled Hereford）两种牛。阉割时间大概在18个月大，肉质味道层次丰富，脂肪分布非常漂亮。

公牛体重：800—1100千克，**母牛体重**：650—750千克
母牛胴体重：360—410千克

短角牛 La Shorthorn

注意区分短角肉牛（Beef Shorthorn）和短角奶牛（Dairy Shorthorn）。短角牛过去被称为杜汉牛，来自英格兰东北部。皮色多样，有红皮、白皮，甚至还有红白混色。另外，无角的短角牛（Polled Shorthorn）也是存在的。短角牛生长快，能迅速进入成熟期，肉脂纹理清晰，皮下脂肪松软可口。

公牛体重：900—1100千克，**母牛体重**：600—700千克
母牛胴体重：330—390千克

盖洛威牛 La Galloway

盖洛威牛原产于苏格兰盖洛威地区，也是英国最古老的品种之一。盖洛威牛比较结实，能适应苏格兰风雨变幻不定的高原气候环境，容易饲养。尽管体形较小但体重偏重，有长卷毛，腰间有一条白带的黑皮牛被称为腰带盖洛威（Belted Galloway）。盖洛威牛肉质鲜嫩，脂肪相对较少。

公牛体重：800—1000千克，**母牛体重**：500—700千克
母牛胴体重：300—400千克

阿基坦金牛 La Blonde D'aquitaine

阿基坦金牛是纯肉牛品种，生长速度很快，外部毛皮为小麦金色，源自阿基坦地区三种品种的杂交：加龙牛、凯尔西牛和比利牛斯金牛。易养殖且适应性强，可在各种气候环境中生长。肉类行业人士很喜欢这个品种，因为它的骨架较小，出肉量高。肉油脂不高，香味也比较适中。

公牛体重：1200—1500千克，**母牛体重**：850—1100千克
母牛胴体重：550—700千克

和牛

我们总能听到"和牛是世界上最好的牛肉"这样的说法。
和牛的肉质比较特别，尤其是脂肪部分总量或许会超过肌肉部分，
这也让人们想到法国的鹅肝。请您忘记所有以前了解的关于肉类的知识，
和牛与这些一点关系都没有，完全是另外一回事。

和牛不是一个肉牛的品种，准确地说是来自日本的牛肉，仅此而已。从Wagyu字面上讲，wa是日本的意思，也是祥和的意思，而gyu呢？意思是牛。事实上许多种日本肉牛品种组成了和牛。

为什么能称之为顶级？

在法国，人们喜欢给鹅和鸭增肥来制作出色的美食产品——鹅肝和鸭肝。而在日本，饲养肉牛也是出于同样的目地——获得出色口感的牛肉，品尝不可思议的细嫩，感受油脂在嘴里像糖块一样熔化，带着黄油的香气，夹杂些甜味和花香……这种感受必要品尝后才能想象出来！

和牛的历史

公元前300年左右，和牛的祖先们从朝鲜半岛迁移到日本。这些品种的牛很耐劳，特点是在肌肉纹理之间生成脂肪，脂肪在肌肉纤维中释放能量，也因此它们才能有惊人的耐力来面对艰苦的劳作。

在1635年到1853年期间，当时规定农耕劳作的四蹄动物是不能被食用的。这里有宗教信仰原因，当然也因为当时能用于农耕劳作的家畜数量很少。随后日本人开始饲养肉牛食用。1864年左右起，许多欧洲品种的牛被引入日本，用于杂交改良当地牛的品种。

饲养过程

在牛舍中两两饲养母牛（除日本短角牛，都是在还是牛犊时在拍卖会上被买下的），饲料以谷物

与西方肉类不同的是，和牛可以有比肉更多的脂肪。
这种脂肪的数量以及质量使它变得非常独特。

（玉米、大麦、麸皮、稻草等），大米浓缩蛋白，饲料用米，还有酿酒后的酒渣为主。酒渣是酿造啤酒过程中残留的大麦壳、淀粉渣和非溶解性蛋白质，这些当然是无抗生素的饲料。

这些母牛在饲养过程中非常享受，有养殖户的关爱和轻柔的按摩。所有的饲养条件使得这些母牛在关爱中增肥而不受任何外界的刺激。根据不同的品种和体形等，屠宰期基本是在26个月到30个月后。

分级

宰杀后，每只牛的酮体都会被第三方评审人员打分。评分原则围绕两个主要因素：肉质好坏和产出率（每头牛能产出的肉量与牛重量的比例）。

关于肉质好坏，评分标准有肉的色彩、亮度，肌肉纹理紧实度和纤维粗细，脂肪的色彩和亮度，以及脂肪沉淀情况。评分从1到5，5分是最高分。

而产出率是从C到A分级，A是最高等级。和牛肉质的评分兼顾这两个因素，所以A5是最高评分的和牛肉，而C1则是最低评分。

品种

和牛只有下面四个品种。

黑毛和牛

La Japanese Black（Kuroge Washu）

黑毛和牛曾经是农耕牵引用牛，在当今的和牛产业，是最为常见的品种，90%的养殖户会选用这个品种。适应能力强，因此遍布日本各地。黑毛和牛的特点是肌肉纹理间的脂肪条纹是漂亮的白色。

无角和牛

La Japanese Polled（Mukaku Washu）

无角和牛是传统黑毛和牛与阿伯丁安格斯牛杂交后产生的品种。产地主要在日本西南的山口县，与其他品种相比，它的体形略小一些。

褐毛和牛

La Japanese Brown Ou Japanese Red（Katsumoou Washu）

褐毛和牛仅分布于日本西南部的熊本县和高知县，是本土赤色毛牛与西门塔尔牛杂交产生的品种，特点是肌肉与脂肪比例佳。

日本短角牛

La Japanese Shorthorn（Nihon Tankaku Washu）

日本短角牛源自19世纪末，由日本南部町牛（青森县）与美国短角牛杂交而成，养殖数量很少。它主要吃草类饲料，就肉质而言，肌肉脂肪纹理是最不明显的。

品质最好的和牛

质量最上乘的和牛肯定是黑毛和牛，它们都出自大阪附近的田岛河谷。经过拍卖后，小牛会在松阪、近江、神户等地区喂养。饮用水的纯净度及饲料的特性差别使得每个产区的肉质都具备自己的特点，有所区别。

松阪和牛

松阪和牛被誉为黑毛和牛中最好的和牛，具有细密分布的红白大理石纹路的肌肉和脂肪，入口即化的油脂和独一无二的细嫩肉质。松阪和牛食用时不需要长时间烹饪，甚至作为牛肉刺身生食都是极好的。美中不足的是非常少见，即便是在日本本土。

近江和牛

近江和牛是第一个作为肉牛饲养的品种，拥有非常细腻的大理石纹理般的肌肉和脂肪，吃起来还带点甜味。传说在禁止吃肉的年代，切得非常薄的近江和牛肉片拌上味噌被送给当权者当药用。

神户和牛

1868年神户港对外开港，外国人由此开始进入港口，尝到了和牛的美味，并在全球传播。尽管神户和牛没有松阪和牛或近江和牛的细腻口感，但也达到了一个让人疯狂的境界。

事实上还可以找到其他品种的和牛存在，比如：米泽和牛，岩手短角和牛，板垣牛，上总牛，京都牛，宫崎牛或者赤牛……

其他国家与地区的和牛

日本和牛在相当长时间里是禁止出口的，即便在今天，每年出口到欧洲的和牛也寥寥无几。

近20年来，美国、澳大利亚和智利都开始通过与日本品种的牛杂交产下的改良品种培育和牛。在法国、英国甚至瑞典也有少数和牛养殖，但不得不承认的是这些和牛品质与日本本土相比还差得很远……

总而言之，在日本本土外养殖和牛，就好像是在美国生产原本是法国诺曼底地区的卡蒙贝尔（Camembert）奶酪，或者在澳大利亚生产香槟酒，在德国生产著名的意大利帕尔玛火腿一样——外观上差不多，但本质上是其他产品。

怎样烹饪和牛？

首先是要符合日本餐饮传统的口感和烹饪手段——肉片一定要切得非常薄，甚至薄到入口即化的地步而不需咀嚼。这种切片的方法比切成肉块好在可以有更多的牛肉表面接触口腔，从而释放出更多的香气刺激味蕾。

和牛的日式烹饪

寿喜烧：将牛肉放在一个铸铁盘上烤，同时加上些糖焦化，撒清酒，随后洒少量酱油，烤熟后蘸上搅拌均匀的生鸡蛋食用。

烧烤：切成薄片，放在韩式烧烤架上，用炭火烤。烧烤期间多余的油脂会滴落在炭火中，烤成金黄色泽的牛肉依然会入口即化，即便烤得稍过。

涮锅：切成薄片，放入滚开的汤中，随即捞出，佐以橙柚醋调配汁或甜咸口味的麻酱汁。

牛肉盖饭：将牛肉片在热汤里烫熟，汤里放有味淋、酱油和洋葱等调料。随后将牛肉片放在白米饭上，用热汤浇，最后放上一个水煎蛋和少许山椒。

用蒸笼蒸：用蔬菜在蒸笼内打底，将和牛肉片放在蔬菜上面蒸熟。这期间和牛的油脂会渗到蔬菜上，给蔬菜带来香气。

其他烹饪方法

铁板烧：将和牛肉切块，直接放在铁板上烧制，烹饪期间将肉逐步切成小块，避免受热不均匀，成熟不一。

栅格式烤肉或煎锅煎制：坦白说，这不是最好的品用和牛的方法，这些烹饪方法并不会使和牛肉释放出更多的香气，口感上还是脂肪的油脂气息占主导。

关于肉牛的故事

知道博斯普里米仁牛斯（Bos Primigenius）吗？这是原牛（Auroch）的学名，它是我们现在食用的肉牛的祖先，时过境迁，牛类也有不少变化。

原牛体形非常彪悍，身高大概在2米，带着长角，出现于20 000年前的印度大陆。随后逐步迁移到了中东，然后是东亚、欧洲和北非地区。在原始社会时期，尼安德特人就开始狩猎这种动物。

2米高

原牛的家畜化驯养开始于8 000—10 000年前，由两个不同地区驯养产出不同品种。在土耳其东南地区，原始斗牛演化出了当今肩部无凸起的家牛；而在印度与巴基斯坦地区，原始瘤牛延续至今成为现在亚洲牛的模样，肩部依然有凸起。驯化原牛是因为人们看中它耕作的牵引力和产奶能力。随着人口的流动家牛被带到欧洲，与当地野牛品种杂交，逐步改进了家牛物种。

根据不同的需求，养殖户们逐步发展了各种符合当地人需要的食物品种：诺曼底地区主产黄油，弗朗什－孔泰地区主产硬奶酪，佛兰德地区产奶，而夏洛来产肉。

肉牛品种

从16世纪起，英国人开始发展自己的农业和畜牧业，牛的饲养主要以供应食用肉为主。18世纪末，英国短角牛开始出口到欧洲及南北美洲，这也影响了之后英美地区牛的品种。

在法国，为了提供食用肉而养牛的尝试开始是不太成功的。只有在法国中部和南部有肉牛品种；在其他地区，养牛主要是为了劳作或产奶，直到最后才会被宰杀。

与此同时，英国的畜牧业突飞猛进地发展，肉牛得以改良，肉质已非常鲜美。

法国的醒悟

到了20世纪末，法国养牛业终于醒悟过来，开始保存那些古老的品种，同时也形成了消费群体。诸如巴萨岱牛、科西嘉母牛、梅赞细脂肪牛都能提供高品质的牛肉，受到消费者的高度认可。

母牛种类

在法国有三种母牛，同时提供小牛犊和牛奶。

奶牛

它们的作用是为人们提供每天饮用的牛奶，为了能达到合理的产量，这些奶牛必须每年都生产牛犊。相对而言，这些奶牛的肉质往往比较差。

饲养牛（喂奶牛）

肉牛品种的母牛会喂养牛犊，因此称为饲养牛。但饲养牛通常给牛犊的奶量不够，所以牛犊通常需要用奶牛提供的牛奶作为补充。在肉质上，饲养牛是非常出色的。

混合母牛

这类母牛既产奶又产肉，具备前面两种母牛的特点，无论是产奶还是产肉，品质都属上乘。

您了解牛吗？

如果您对牛的了解仅限于想象出一头母牛在草场上吃草，
那就需要仔细看看下面的图绘了。

牛犊

当它们被生下来的时候，无论是公牛还是母牛，在六个月内都被称为小牛犊。

随着它们的生长，这些牛犊的性别特征逐渐明显。
它们的体重则因为品种不同而存在差异。

如果是头母牛　　　　　　　　　　　　　如果是头公牛

牝牛

牝牛是指没有跟公牛调情，也还没有产崽之前的母牛的状态。一般在第三年前，它们已经非常漂亮而且体形高大了。盎格鲁－撒克逊品种的牝牛肉绝对是美味无比，牛肝更是顶级食材。

小公牛

小公牛会直接"填鸭式"地被快速喂肥。小公牛肉经常会出现在超市肉类柜台，主要用途是炖肉或煨肉。

种牛

种牛的一生主要是用于与母牛交配繁殖，最多的时候一头种牛一年可以交配后产出30头牛犊，真是令人叹为观止！但是一旦失去了繁殖能力，它便一文不值，因为它的肉硬得跟橡胶一样，毫无食用价值。

肉牛

如果将公牛的睾丸去掉，公牛就成了肉牛，同时也降低了生长速度。它的肌肉及脂肪含量将逐渐趋向某个平衡点。肉牛的牛肉味道比母牛的更厚重，同时脂肪也更多。

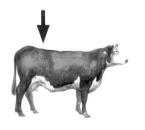

母牛

从生育第一胎开始，牝牛就变成母牛了。在法国的肉店里多数牛肉为母牛肉，肉类的品质则取决于它的品种和生长年岁。

饲料与牛肉品质的关系

一只优质的肉牛在草场上，吃着鲜嫩的草。
草的味道或者冬季干草饲料的味道并不会改变肉的味道，
但会影响到包围着肌肉的脂肪，脂肪会吸收不同的味道从而影响肉的口感。

在被宰杀之前，肉牛会经过一个被称为"精加工期"的时期，大概有三个月。这段时期对饲养增肥非常重要，精加工期对肉质有直接影响，因为这期间会对肉牛的饲料进行调整。

秋冬季的干饲料
稻草、大豆、亚麻、向日葵、油菜籽、小麦、大麦、干草等。

春夏季的新鲜饲料
苜蓿等鲜草。

 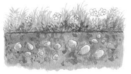  

冬季

冬季天冷没有足够的新鲜草料，所以饲料主要是干草及营养补充品。干草有种晒干的草味，这也给脂肪带来了干草味和更强的畜肉味。

牛肉品质

未熟成的部位：

味道持久，持续到12月、1月、2月。

60天熟成后：

味道持久，持续到2月、3月、4月。

春季

法国冬季的雨水滋润了草场，春季日照时间逐步延长。鲜草开始变得肥厚、丰富，夹杂着许多不知名的野花。我们的牛朋友很喜欢这类食物，这时候的肉质会比较轻盈并带着鲜花的香气和轻微的草味。

牛肉品质

未熟成的部位：

味道轻盈，持续到3月、4月、5月。

60天熟成后：

味道轻盈，持续到5月、6月、7月。

夏季

夏季来临，太阳高照。草场开始出现干旱现象，但依然有很多野花。牛肉入口后我们能分辨出被太阳烤焦的干草味，但比起冬季的干草口感还算清淡，细品还有花香及少量的畜肉味。

牛肉品质

未熟成的部位：

味道带着轻微的动物味和鲜花香气，持续到6月、7月、8月。

60天熟成后：

味道带着轻微的动物味和鲜花香气，持续到8月、9月、10月。

秋季

秋天来临，家里的烧烤架都收起来了。法国的秋季多雨，地面湿重，草场上的草是最后一次肥厚起来，要准备过冬了。我们可爱的牛朋友们也是最后一次用鲜草饱餐。

牛肉品质

未熟成的部位：

依然可以辨别出夏季的味道，持续到8月、9月、10月。

60天熟成后：

依然可以辨别出夏季的味道，持续到11月、12月、1月。

肉牛分切部位图

切割牛肉是件精细活，
牛的肌肉块比较庞大，
所以需要按不同烹饪需要进行切割。

法式切割

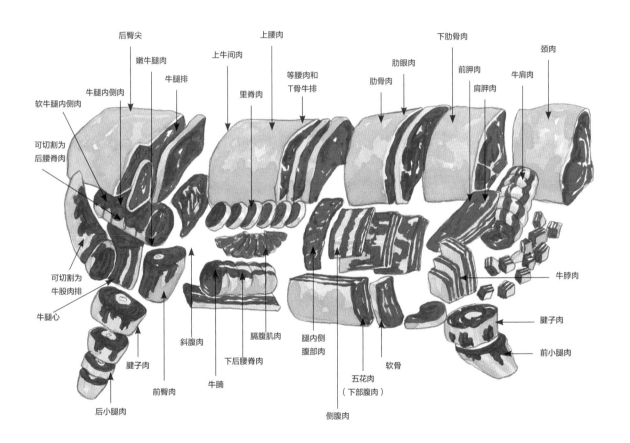

英式切割

英式切割相对简单，因为在烹饪方法上，牛肉基本是煮或者炖，所以不需要将所有的肌肉块分开。

美式切割

美式切割也是相对简单的切割法。事实上，在美国的一些比较讲究的肉店，他们采用的是法式切割法，这样会烹饪得更为细致。

肉牛分切部位介绍

在肉店里不能因为怕麻烦而说要一块牛排肉或炖肉用的肉，
需要根据自己的口感和想法向店家购买准确部位的肉块。

前臀肉L'Aiguillette Baronne

这块外观看起来有点像鳗鱼且长有尖角的肉，可以做整块的烘烤肉（Rôti）或牛排，但是最能体现肉质特点的做法是小火煨肉。

嫩牛腿肉L'Araignée

嫩牛腿肉是令人尖叫的肉块——味道持久，口感细嫩。烹饪的时候一定要注意时间，时间过长会使其变硬，要尽量保持它的细嫩。

肋排肉（肋眼肉排）La Basse Côte

肋排肉位于牛身侧壁部位，烧烤时要切成细片来品尝肉的味道，或尝试煨肉。这个部位的肉纹路很好，带有脂肪，通过咀嚼可以品尝出肉的香味。

斜腹肉La Bavette À Pot-Au-Feu

这部分的肉脂肪多，会将肌肉像三明治一样包裹起来。又长又扁，主要用于做法式炖肉火锅。

下后腰脊肉La Bavette D'aloyau

肉纤维长而不紧，带有少许脂肪纹理。这是牛腰腹部分最有滋味的肉块。烹饪得熟些会更突出它的香味。

长牛腩La Bavette De Flanchet

牛腩与下后腰脊肉接近，肉纤维也很长且不紧。但肉质更为坚实，滋味也稍差。

颈肉Le Collier

这部分肉鲜为人知，很好吃但有些油腻，最好是长时间小火炖煮，放在法式炖肉火锅中会非常有味道。

肋骨肉La Côte

肋骨肉包裹着牛的脊椎骨，肌肉和脂肪的纹理非常精细，吃起来也非常嫩。如果经过精心处理熟成后，这个部位的滋味会令人赞叹，建议选择厚度4厘米以上的食用。

肋眼肉L'entrecôte

肋眼肉实际是去骨后的肋骨肉，从品质上看与肋骨肉一样。烹饪时也可以做牛排，但制作前要避免将肉切

得太薄，以厚度超过2厘米为宜。

牛腿肉La Fausse Araignèe

牛腿肉虽然与嫩牛腿肉位置很接近，但品质不同，所以一般人们会在吃口感美妙的勃艮第火锅时，切小块牛腿肉吃。

上腰肉Le Faux-Filet（Ou Contre-Filet）

上腰肉位于里脊肉之间，是牛身上最好的肉块之一。肉瘦且纤维短，口感柔嫩香甜，一定要切厚片烧烤食用。

里脊肉Le Filet

这块肉夹在脊柱和内脏之间，是一块不易动的肌肉。肉纤维短，非常嫩，但没有太多滋味。

小里脊肉Le Filet Mignon

小里脊肉跟里脊肉位置区别很大，位于脊柱的前端环节处。主要用于炖肉及做勃艮第牛肉，有时会用于做牛排。

牛腩Le Flanchet

腹部的所有肌肉都可以称为牛腩，这块肉比较坚硬，主要是通过炖肉或煮肉给菜肴带来香气，比如法式炖肉火锅。

腱子肉（分为前腱子肉与后腱子肉）Le Gîte（Avant Ou Arrière）

这块带胶状的结缔组织肉质相对较硬，主要是通过煮肉或炖肉给锅底汤汁带来香气。

牛腿心肉Le Gîte À La Noix

这块肉位于牛腿中部，形长肉嫩。经常用于炖肉或煮肉，做法式炖肉火锅，有时也会用于做牛排。

膈腹肌肉La Hampe

膈腹肌肉部位的肉细长，肉纤维也很长，味道丰富。烹饪后，尽量在其鲜嫩带血状时食用。

小腿腱子肉（分为前小腿腱子肉与后小腿腱子肉）Le Jarret (Avant Ou Arrière)

小腿腱子肉比较硬且带有结缔组织，最好用来煮肉或炖肉，它的胶状结缔组织会带来很多香气，使肉变得透亮。

牛颊肉La Joue

牛颊肉经常被忽略却是块味道十足的好肉，肉瘦且很嫩，最好用小火煨，这样才能最大限度地保留肉的品质。

牛脖肉Le Jumeau

牛脖肉通常会被分成两部分，一部分用于做牛排，另外比较坚硬的部分，通常用于做煮肉或炖肉，比如法式炖肉火锅。

牛肩肉La Macreuse À Bifteck

牛肩肉靠近肩胛肉，常见做法是做成牛排。将这块肉的筋线剔除干净后，肉会变得很不错，细腻不肥。

后腰脊肉Le Merlan

肉很平展，纤维较短，肉质较嫩，但味道相对不是很丰富，最好的选择是做牛排。

颈精肉Le Mouvant

颈精肉的口感不错，肉质干实，适合做成牛排。

膈腹肌肉L'onglet

这是一块能令人食指大动的肉，但极难找到。因为它的体积小，要经过精细切割才能区分出来。但一切都是值得的，它很有滋味又很柔嫩。务必在食用时保证其肉质鲜嫩，切不可烹饪得太熟。

带髓腿骨L'os À Moelle

人们经常会在煮肉时加一根，无论是前腿还是后腿上的，都会使肉汤更香。可以煮着吃，或者烧烤后断开吃。

牛肩胛肉Le Paleron（Ou Macreuse À Braiser）

这部分肉很柔嫩，是做法式炖肉火锅的好料，也可以做牛排吃，味道极好，带着淡淡的肉香。

下部腹肉Le Plat De Côtes

下部腹肉处于腹部下部分，肉质比较硬，最好是通过长时间炖肉或煮肉的方法烹饪，这样口感较好。

后腰小脊肉La Poire

这是块体积很小的肌肉，外形像梨。肉质很细嫩，纤维短，口感中等偏上，适合做成牛排。

牛胸肉La Poitrine

牛胸肉鲜为人知，且极少被用于烹饪，但炖煮后食用，味道还是很棒的。还有一种做法是，腌制后作为熏肉切成薄片夹入三明治食用。

等腰肉和T骨牛排Le Porterhouse Et Le T-Bone

这块肉因为脊椎的形状而经常被切成T形，具体位置是脊椎的肋骨尾部。实际上，每块等腰肉和T骨牛排都带有少许里脊肉或下后腰脊肉。

牛尾La Queue

牛尾尽管油脂较多，但确实是做法式炖肉火锅的好料，也适合制成肉酱。口感柔美，尤其是胶质结缔组织部分。

牛股肉排（牛霖）Le Rond De Gîte

牛股肉排是牛臀部形圆又长的部分，肉质鲜嫩，肉瘦且滋味丰富。由于外形原因，适合做整块的烘烤肉或生切薄牛肉片（Carpaccio）食用。

后腿内侧肉Le Rond De Tranche

后腿内侧肉在后腿内侧偏上部分，因为靠近骨头所以带香，适合进行炖肉烹饪。

后臀肉Le Rumsteck

后臀肉可细分为三个部分：前臀肉、球臀肉和臀里脊。特点是纤维短，肉质香，其中臀里脊肉比腰腹部里脊肉的味道更香。

软骨Le Tendron

软骨是腹部带肋软骨及油脂的部分，需要长时间烹饪口感才能比较软糯。

牛腿内侧肉La Tranche

这是一块极瘦的肉，肉质很嫩，纤维短，一般会做成整块的烘烤肉然后切片食用。

不为人知的部位

后臀尖（后臀肉上方）

后臀尖的外部有一层油脂，但油脂层下方的肉质偏瘦，有点类似鸭胸肉。这是阿根廷人最喜欢食用的部位，味道好极了。

哇！ 上牛间肉

上牛间肉位于后臀肉和上腰肉之间，这块肉的肉脂纹理很漂亮，非常细嫩又有滋味。但购买时需要跟肉店店主提前预订。

哇！ 前胛肉

前胛肉在肩胛之间，是一小块不太厚、纤维又短的肉块。味道极好，脂肪易化，与里脊肉一样细嫩。

是选择品种牛的肋排，
还是无品牌商标的肋排？

首先声明，我介绍的都是比较独特的肉！
这绝对不是指在超市鲜肉冷冻柜里用薄膜包裹的那些无品牌商标的肋排和牛排。
我们要讲述的是高端再高端的部分——味道、香气、质感、脂肪等。

不觉得这些肋排很漂亮吗？排成一排，仿佛在参加一场选美比赛。实话说，看见这样的肉块不想品尝一番吗？看看这漂亮的颜色和肉脂纹理，还有围绕着肌肉的这些脂肪，看看这肋排适中的厚度，以及肋排收拾得极干净的骨头，一切都很完美。这熟成的效果，全是屠夫诸多辛劳的结果。想象一下烹饪后的肋排，肉会在嘴里直接化开，令人不禁想赞美肉牛养殖地的风土。它与最终被宰杀的奶牛产出的牛肉，在品质上有天壤之别。

夏洛来牛

这个品种的牛脂肪较少，无论是在肌肉间还是包裹着肌肉的部分。但这丝毫不影响牛肉的品质，夏洛来牛的肉依然滋味丰富。它的肋排体积比较大，同时也较厚，带有动物香气，肉质咀嚼感非常好。

阿伯丁安格斯牛

安格斯牛的特点是会在肌肉表面和肌肉内积存脂肪，这种牛体形不大，肋排也相对较小，并不是那么厚。肉质非常柔嫩，味道均衡，口感细腻带有花香。

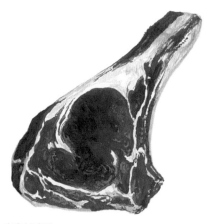

奥布拉克牛

这个品种产出的牛肉颜色比较深，香气比较强烈且复杂，主要是包括各种草料在内的绿色植物香味。细腻的肉质与香气结合得非常出色，受到那些喜欢强烈肉香的消费者青睐。

> " 第七根的肋排肉肯定是最好的，最有味道也最嫩，余味最长。解释一下，从第一根到最后一根肋骨，肌肉的使用频率不同。不仅品种牛之间的肋排肉肉质不同，即使是同一头牛，不同位置的肋排肉口感也不同。"

加利西亚红牛

加利西亚红牛来自西班牙的品种，毫无疑问是世界上最为美味的肋骨肉排。整块的肌肉被脂肪沁入，而位于肌肉边缘的脂肪更是美味中的美味。吃起来会感受到各种香料味和海盐的咸味，余味悠长。

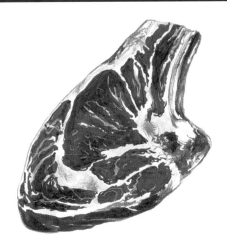

长角牛

长角牛是英国最为古老的品种，它能存活至今也证明了其天然优势，但这个品种在法国非常少见。它拥有品质出色的大理石花纹般的脂肪，香气密集强烈余味悠长，肌肉与脂肪的比例非常完美，在烹饪时注意用低温处理。

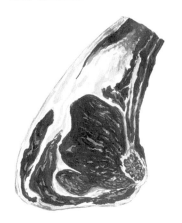

西门塔尔牛

肉质纹理非常清晰，脂肪在包裹着肌肉的同时亦存在于肌肉纤维内部，脂肪总量较高。香气明显且丰富，口感悠长，带着丰盈的肉汁，能令人享受到咀嚼的乐趣。总体来说，是很有代表性又很有滋味的牛肉。

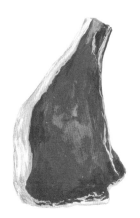

普通的牛

没有一点脂肪，所以吃起来很干硬，没有任何滋味，甚至会让人对牛肉产生厌恶情绪，从而拒绝食用。也许售卖这类肋排肉的肉店店主自己都不吃，却将其作为商品出售，真是不可思议。

等腰肉和T骨牛排
其实挨在一块儿

在法国，这两块肉并不多见，
因为法式切割法与英美切割方式不同。
但这两块肉真是牛身上最好的部位了。

相挨着的两块牛排

之所以叫T骨牛排是因为在切割时沿骨头切割。等腰肉排的切割方式其实也是一样的，围绕着T形骨一边是里脊肉，另一边是上腰肉。

简单地说，等腰肉排和T骨牛排其实是二合一的肉排：一边是细嫩的里脊肉，一边是美妙的上腰肉，中间的骨头则在烹饪中带来更多的滋味。有这么美味的肉，还有什么不满足呢？

两者不是完全相同

等腰肉排和T骨牛排还是有细微差别的，区别在于里脊肉的宽度。等腰牛排上里脊肉更多，因为这块肉切割时位置比较靠后导致里脊肉更宽，而T骨则更靠前。一头牛只能切割出四块等腰肉排，因此等腰肉排比T骨牛排更少见，也更昂贵。

历史小故事

在英美等腰肉排又叫"波特之家"（Porterhouse），这是因为最初在港口的酒吧里，搬运工和海员等人会来喝波特啤酒（Porter Beer），而酒吧也提供大块的牛排。当然，英国人和美国人一直在争论谁发明了这种切割法，但无论如何，它与法式切割法无关。

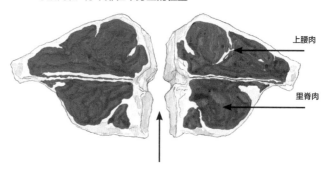

等腰肉和T骨牛排在牛身上的位置

上腰肉

里脊肉

等腰肉和T骨牛排
是从脊柱的两边切割出来的

等腰肉和T骨牛排： 等腰肉的里脊肉面积要比T骨牛排的里脊肉面积大，因为它的切割位置比较靠后。

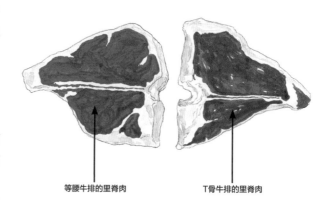

等腰牛排的里脊肉

T骨牛排的里脊肉

肋骨肉排VS肋眼肉排

左边是重量为1.2千克的肋骨肉排，右边是它的孪生兄弟——
1千克的肋眼肉排（实际上是剔除了骨头的肋骨肉排）。
被剔除的骨头真的很重要吗？

烹饪秘籍：为了做好这么大块的肉，首先要用煎锅或煮锅来给肉块上色，然后连锅一起放进烤箱里烘烤到所需的成熟度。这种烹饪方式的优势在于肉不会收紧，而完全煎则会浪费更多肉汁，无法保持肉的鲜嫩。

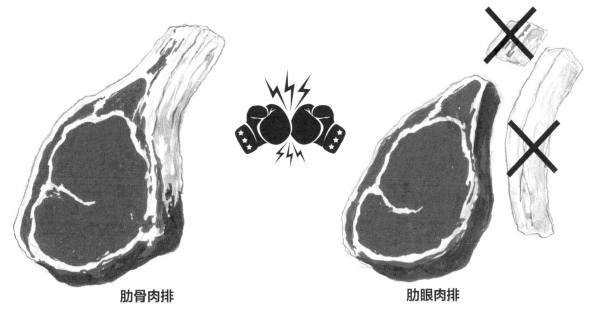

肋骨肉排

因为有骨头且骨肉紧密相连，所以烹饪中肉排不会收紧，也因此不会排出更多的肉汁，牛肉会鲜嫩多汁。

+肋骨内也是有骨髓的，在烹饪中骨髓会从骨头中释放出来溶于肉汁，肉会因此有更好的滋味。

+肋骨中的汁液也会因为烹饪而渗出，与肉汁混在一起，让肉更有滋味。

肋眼肉排

肋眼肉排通常会煎到正反面变色，但烹饪过程中没有肋骨能提供额外汁液。

同时因为没有肋骨的约束，在烹饪中牛肉渐渐收紧，又排出一些肉汁，所以吃起来会觉得口感干紧。

其实所有的带骨肉排都存在这种现象，
即骨头会或多或少地保证肉在烹饪中不会收紧，同时也带给肉更多的汁液，因此带骨肉排通常吃起来会更嫩更多汁。

鞑靼肉排，
是绞碎好还是切肉丁好？

取出一块肉，其中一半绞碎，另外一半用刀切成细小肉丁，
然后用相同的佐料搅拌后品尝。
可以确认的是这两种处理方法得到的口感会完全不同。

绞碎肉（肉末）

大多数的香气在绞碎过程中被搅拌在一起，为了能分辨出来，只好多次咀嚼。但因为肉末没多少可咀嚼的价值，人们一般直接吞下。肉自身的滋味和香气在这个过程中无法被我们的味蕾和嗅觉黏膜识别，直接进入了肠胃。

呼呼……

肉入口后，大部分香味被混在一起，并不会刺激到味蕾和唾液系统。

结论：
绞碎会让肉变得平淡无奇。

刀切肉丁

肉的香气并不会因切成肉丁而消失，会继续依附在肉的表面。

一般情况下，人们不会一口吞下肉丁，在咀嚼的过程中，肉的香气和滋味会在口中逐步释放。同时，人的唾液系统也在工作，会分泌出更多的唾液加重口中的香气。

耶！！！

肉入口后，香味会很活跃，继而刺激味蕾和唾液系统。

结论：
用刀切成肉丁更能保留肉的香味，并使之更为突出。

刀切肉T K.O 绞碎肉

刀切肉丁的鞑靼肉排会使人们更多地咀嚼，所以入口后会带来更多香气和余味。更重要的是可以在肉店里指定一块好肉让店家切好，而不是买那些不知来自哪些部位的肉末。如果想吃块香味比较清淡的，可以点一块里脊肉来切成鞑靼肉排；如果喜欢口味重的，可以来块膈腹肉。

带骨髓的腿骨
是横向切还是纵向切好?

一般而言，带骨髓的腿骨有两种切法。
常见的是横向切成一段一段的，或者纵向从中切开，分为长条似的两半。
当然，我们关心的是如何将其与肉一起烹饪。

骨髓都是藏在比较长的牛骨里，因此大家一般都选用腿骨。肋骨里也有骨髓，但量太少了。

传统的横向切法，腿骨是一段段的。　新颖的纵向切法，腿骨被分成长条似的两半。

腿骨的切法

肉店里一般都是将腿骨切成段，但也可以要求他们纵向切成长条。这种切成长条的方法在烹饪时还是有优势的，腿骨会熟得比较均匀，同时骨髓也比较方便食用。如果是放在烤箱里烘烤的话，表面会形成一层脆皮。

专业提示:

处理骨头时最为繁碎的就是剔除粘连在骨头上的肉筋和肉黏膜等，还要清理血丝。专业的做法是将骨头静置于高浓度盐水中浸泡12小时到24小时，且须提前在盐水里加一咖啡勺的白醋。随后用最方便的刀具刮掉粘连在骨头上的筋跟肉丝，如果有硬毛刷，也可以刷一下骨头。

腿骨该如何烹饪?

放进汤里: 会有部分骨髓溶解于高汤中，稍显油腻，但汤会更香，入口后余味也更长。如果有些挑剔，可以先将骨头用纱布包裹一下，避免烹饪中部分调味料粘在骨头上。

直接在烹饪中使用: 将骨髓从骨头中刮出，加在肉或菜肴中，骨髓的油脂会带来特殊的香气。

整块烘烤: 切成长条，放进烤箱里烘烤，超级美味。

做拌料: 将骨髓从骨头中刮出，撒上黑胡椒粉及其他香料，静置24小时即可。

没经过浸泡直接刮后的骨头

经过浸泡再刮后的骨头

" 您知道吗，巴黎的布丁蛋糕里曾经被要求加上牛骨髓，当年被人们戏称为'外交办公室布丁'，真是让人想不到……"

牛肉火腿和牛肉干

人们大多都知道意大利瓦尔泰利纳熏牛肉和瑞士格劳宾登（Grisons）盐腌干牛肉，
但不太了解日本和牛火腿、西班牙莱昂牛肉火腿（La Cecina De Leon）、
土耳其帕斯提尔马牛肉、汝拉山区布雷斯腌干牛肉（Le Bresi）和南非干牛肉（Oe Biltong）。
让我们来做一次环球旅行，看看这些必须要了解的风干牛肉。

最初，风干牛肉都是在秋天准备，以便在冬季给人们提供足够的蛋白质，并且冬季宰杀牲畜也可以节省用于饲养的干草料。

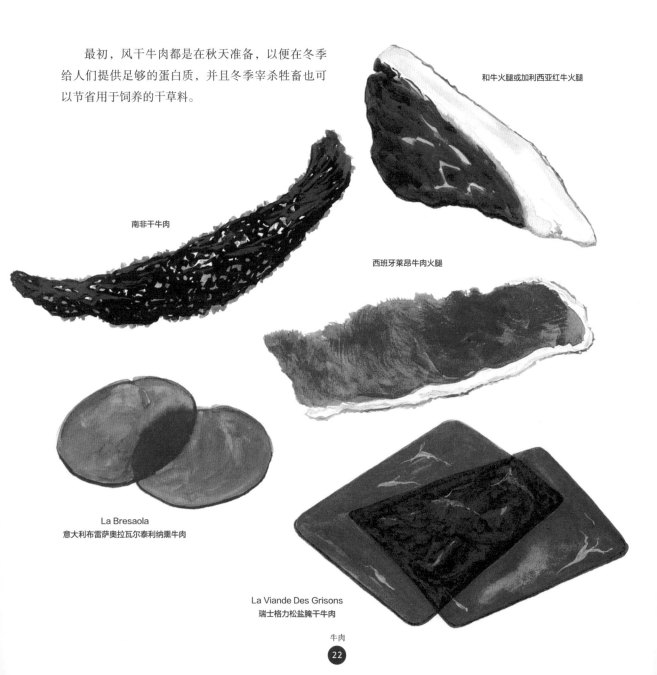

和牛火腿或加利西亚红牛火腿

南非干牛肉

西班牙莱昂牛肉火腿

La Bresaola
意大利布雷萨奥拉瓦尔泰利纳熏牛肉

La Viande Des Grisons
瑞士格力松盐腌干牛肉

南非干牛肉

在南非，干牛肉是这样准备的：先将条状的牛肉在果醋里浸泡几个小时，然后用一种包括盐、红糖、香菜、黑胡椒等的调料反复揉制，随后在空气中风干。

南非干牛肉外表坚硬，里面却非常嫩，当地人通常一边看着橄榄球比赛一边嚼食。

意大利布雷萨奥拉瓦尔泰利纳熏牛肉

在意大利北部与瑞士交界的地区，有着最为著名的干牛肉——布雷萨奥拉瓦尔泰利纳熏牛肉。与西班牙莱昂地区的风干牛肉火腿一样，这里也是用盐和香料将整块的牛后腿肉腌制后风干。食用时通常切薄片，再加一点橄榄油和柠檬汁，以及几块帕马森干酪。

汝拉山区布雷斯腌干牛肉

布雷斯腌干牛肉其实是瑞士格力松盐腌风干牛肉的法国版，产于法国弗朗什－孔泰的汝拉山区。之所以叫布雷斯则是因为这种风干牛肉的表面非常坚硬，切开后肉色又近似巴西红木。牛肉经过盐腌后用香料揉制，然后再烟熏风干。吃的时候一定要搭配同样是当地特产的孔泰陈年奶酪。

莱昂风干牛腿

莱昂风干牛腿的产区位于西班牙西北部的卡斯提尔－莱昂，据考证制作方法已经有两千年历史。将牛腿肉切成方块，盐腌后用橡木熏干，干燥2个月后再熟成7个月。切开后肉色鲜红，肉表面有些脂肪纹，香气特别且强烈，食用时要淋上几滴橄榄油。

南美察奇肉干Le Charqui

南美印加王朝最初用无峰驼或骆马肉腌制肉干，专门给出远门的人带着食用，后来骆马肉被逐步替换为牛肉。牛肉用干盐或盐水腌制后，风干或熏干，食用时切为薄片。南美察奇肉干现在很常见，带着或多或少的甜味。

印尼登登牛肉

印尼登登牛肉是印尼巴东地区特产，制作过程比较特别，不是风干或熏干而是用热油煎干。先将牛肉切片，在香料和椰果糖中腌制，随后风干几个小时，最后用热油完成煎干过程。

和牛火腿或加利西亚红牛火腿

和牛及加利西亚红牛的特点是肉纤维中含有大量脂肪，有点类似伊比利亚黑猪。其实两种火腿的制作方式也比较相似，风干时间长达36个月，的确是非常出色的产品。如果有机会遇见，千万别犹豫，一定要品尝一番，因为到目前为止仍是很罕见的食物。

土耳其帕斯提尔马牛肉

帕斯提尔马牛肉来自土耳其的巴尔干地区，制作过程是——盐腌，揉制，用香料膏（大蒜、孜然、辣椒、葫芦巴等）涂封，然后自然风干1个月。食用时可生吃、烧烤熟食，也可为土豆类菜肴调味。

盐腌牛肉

盐腌牛肉出处不详，但人们普遍认为其源自西班牙。盐腌牛肉是用前臀肉或肩肉浸在迷迭香、百里香、大蒜和洋葱的混合物中，外加一些柠檬片再用粗盐覆盖。这个过程大概需要10天，然后取出肉并冲洗，擦干后再风干10天。食用时切片，加几滴橄榄油和柠檬汁。

瑞士格劳宾登盐腌干牛肉

这种干牛肉产于瑞士格劳宾登地区，主要是用牛肩部的肉，根据不同制作方法，可以用干白葡萄酒浸泡后擦干再加盐腌制，随后加香料，在山区环境中风干3个月到4个月的时间。最好撒上橄榄油和柠檬汁用薄膜包裹，静置一段时间后再食用。

顶级小牛品种

这些小牛在饲养时往往是散养的，即可以去草场吃草。
有些小牛是处于半自由甚至完全自由的散养状态，
也正因如此，小牛肉才会有种无法比拟的香味。

顶级

比利牛斯山粉红小牛

　　这种小牛源自加泰罗尼亚地区一些比较结实易养殖的品种，只选小母牛且仅靠母牛奶水及草场新鲜草料喂养，一般在5个月到8个月时宰杀。养牛户们会在一开始将母牛及其牛犊带到高山牧场，这些地方有平时很难接触到的牧草品种。到了秋季，养牛户们再将它们带下山，这时小母牛也就到了宰杀季节。现在虽然不再去高山牧场，但小牛们还是会随着自己的母亲转场。在这个转场季（从6月到11月），小牛们会吃到肥厚的牧草和各种鲜花，比如百里香、红豆草、甘草花等，这些植物给它们的肉带来持久的香气和漂亮的粉色。

品种： 加斯贡牛，奥布拉克与夏洛来公牛配种

活体重： 200—300千克，**酮体重：** 110—160千克

比利牛斯山小公牛（又名维戴尔牛）

　　小公牛是粉红小牛们的兄弟，哺乳期过后会用4个月到5个月的时间增肥。它们比小姐妹们活的时间长一点，因为会在8个月到12个月后才被宰杀，那时小公牛的肉香味会非常强烈，同时肉色也会开始变红。

品种： 加斯贡牛，奥布拉克与夏洛来公牛配种

活体重： 240—360千克，**酮体重：** 130—200千克

萨意纳塔牛Le Saïnata

萨意纳塔牛因为身上有虎纹而被称为虎牛，主要分布于法国科西嘉岛及意大利萨丁岛。这些母牛基本自由散养，吃的是岛上野橄榄树叶和丘陵间的草丛，甚至吃橡果，当然也吃草料。小牛出生的时候是米色，大概3个月后出现虎纹。最初依赖母牛产奶喂养，随后开始吃树叶和草料。小牛宰杀时间是6个月左右，肉色呈深桃红色，带着榛果的香气。科西嘉人雅克·阿巴图契（Jacques Abattucci）将"虎纹母牛"（Vache Tigre）注册为商标。

品种： 萨意纳塔牛

活体重： 150千克，**酮体重：** 80千克

科西嘉小牛

科西嘉小牛的食物主要是树丛灌木和山间草场的草料，体形比较小，在当地也被称为"曼祖斯"（Manzus）。宰杀时间是6个月左右，它的肉很有特点，味道突出，已经基本呈红色，与成年牛肉的颜色近似。

品种： 科西嘉牛

活体重： 150千克，**酮体重：** 80千克

阿韦龙和黑麦地小牛Le Veau D'aveyron Et Qu Ségala

黑麦地是指法国阿韦龙省至塔恩省之间的地区，包括洛特省、康达尔等，这个地区也被称为"百条河谷地区"（Pays Aux Cent Vallées），从前以种黑麦（Seigle）为主。当地的饲养方式依然很传统，白天母牛带着小牛去草场吃草，晚上回来吃饲料。两个半月后，小牛会吃到以谷物为主的补充饲料，等6个月至10个月后就到了宰杀季节了。在法国其实很难找到这种小牛肉，但它在意大利市场却特别受欢迎。这种小牛肉质特别细嫩，呈粉红色，有入口即化的感觉，味道真是绝妙！

品种： 利木赞牛、加斯贡牛、巴萨岱牛、萨莱斯牛、奥布拉克牛等

活体重： 310—450千克，**酮体重：** 170—250千克

利木赞农场小牛

该品种小牛源自知名的肉牛品种利木赞牛，主要分布在法国利木赞省、多尔多涅省和沙朗特地区。采用比较传统的小规模饲养方式，无论是小公牛还是小母牛，都在头3个月至5个半月喂养母乳。每天母牛们从草场回来后，小牛们会主动找母牛喝两次奶。宰杀前的挑选非常严格，只宰杀最好的小牛，同时肉质特别出色的还有"精品"标识。肉的颜色为浅桃红色，带着脂肪纹理，柔嫩多汁，纤维细。

品种： 利木赞牛

活体重： 150—280千克，**酮体重：** 85—170千克

关于小牛的故事

最初野牛的家畜化并不是为了吃肉，
饲养小牛也是为了能长大后让其在田间劳作。

小牛肉的复活

工业化饲养的可怜小牛是喝不到牛乳的，它们喝的是兑水后的奶粉，加上各种补充饲料和颗粒食品，这样会很快被喂大催肥。当然由此生产出的牛肉是没有任何滋味的，而且会在烹饪中失去汁水，变得干紧。

从神圣牛犊到集中化饲养

从前人类一直很膜拜这种依赖母乳生存的动物，并引以为荣，将其分为——金牛犊、肥牛犊、神圣牛犊、感恩牛犊……

到了古希腊和古罗马时代，小牛肉成为宴会上一道非常重要的食物，它代表的是财富和优雅，只有那些最有财富的人才会将其宰杀吃掉，而不是被喂养大后用于劳作或卖肉。

在文艺复兴时期，意大利文化的影响巨大，意大利人的餐饮文化也风靡全欧洲，这时人们才知道了如何烹饪小牛肉，以及如何做鸡蛋和饼干。

17—18世纪，小牛肉的食用开始普及到全欧洲，当时普遍采用炖的方式，如白汁炖小牛肉，小牛肉大杂烩等。在英格兰这个习惯煮肉的地区，人们会更喜欢苏格兰人的炖小牛肉。

事实上直到20世纪，随着大规模工业化饲养的出现，小牛肉才走进普通人的生活。大规模生产的宗旨是低成本、快速地为市场提供小牛肉。小牛肉的集中饲养时代就这么到来了。

类似肉牛、肉猪或者禽类养殖，在法国西南部，有些顽强抵抗这种工业化生产的"高卢人"[1]，他们继续用传统方法喂养小牛，即只靠母乳喂养，旨在提供高品质的小牛肉。为此他们特意注册了两个品牌——农户养殖小牛肉（Veau Fermier）和母乳喂养小牛（Veau Sous La Mère）。可以说，这样养殖出来的小牛肉真是美味至极。

这些高卢人真是太强了！

---

1   译者注：高卢人，法国人自称。

如何挑选小牛肉？

小牛肉的优劣标准与其自身品种无关，
而是由其饲养周期和特殊性决定。

小牛肉的分类

母乳喂养的小牛肉（Veau De Lait）

只靠母牛奶水喂养的小牛现在真是太少见了，但肉质很出色。尽管一年四季，母牛吃的饲料不同，但奶水却不会有变化。小牛在断奶前（大概3个月的时候）被宰杀，多数为小公牛，活体重在110千克到150千克之间。肉的颜色非常淡，柔嫩，略微带点甜味，入口即化。

母乳及农户共同养殖的小牛肉

这种喂养方式前期亦是母牛奶水喂养，但区别是两个月或两个半月后，改为自动喂奶机喂奶。因为母牛产奶量可能不够小牛吃，尤其是肉牛品种的母牛，产奶量更低。停止母乳喂养后小牛开始吃饲料，食物也丰富起来。养牛户一般会饲养到5个月左右，小牛被宰杀时体重可达200千克。这时候的小牛肉颜色粉红，尤其是每年二三月份出生的小牛，草料会让它们的肉色更深，同时也带来更为持久的香味。这会是非常漂亮的小牛肉，口感细腻，肉纤维细且带有分布均匀的脂肪。

养殖场小牛肉

直接说吧，这是最为常见的种类。小牛出生24小时后就与母牛分开，然后养殖场会开始用奶粉和谷物粉等喂养小牛，但不会用草饲料喂养，因为这会让小牛肉的颜色变成深桃红色。冬季或春季出生的小牛有可能带些草味，因为这个季节会喂养一些干草饲料。到宰杀时，小牛体重已经达到300千克了。脂肪当然是处处可见，在烹饪过程中小牛肉很容易干硬，于是不再柔嫩，基本是没有滋味的。简单地说，它绝不是好选择。

红色标识（Label Rouge）[1]

在小牛肉里，有好几种红色标识，比如布列塔宁（Bretanin）、海洋陆地（Terre Océane）、阿韦龙和黑麦陆地小牛肉、利木赞小牛肉、母乳喂养小牛或农户养殖小牛肉等。这些都是品质出色的小牛肉，通常是饲养牛或是肉牛品种的母牛产的小牛。根据品种不同，小牛肉的品质会有所不同。最好是选用利木赞牛、加斯贡牛、巴萨岱牛，这几个品种的牛有个共同的特点，即增肥比较快，所以活体重180千克起就可以有非常好吃的肉，而且带着纹理很漂亮的脂肪。

> " '5月圣灵降临节的小牛肉' 仅是商业促销的噱头，与小牛肉的品质没有任何关联，千万不要被这个商业噱头蒙骗了。"

吃小牛肉有季节吗？

实际上吃小牛肉是没有季节限制的，现在全年可以供应小牛肉，品质变化也不大。只是在9月份小牛肉会略微少一些，因为一般会避免母牛在夏季产小牛。

---

1 译者注：红色标识（Label Rouge），法国国内优质食材的标识。

小牛肉的颜色

"尊敬的太太，您看看我这小牛肉的颜色多白啊！我给您称上五千克？"

千万不要被这样的套话给迷惑，

因为小牛肉呈苍白色往往不是高品质的象征。

小牛肉的颜色取决于喂养小牛的饲料，小牛越是年幼越是依靠奶水喂养，肉色也越白。随着成长，小牛的食物逐步多样化，小牛肉的颜色也开始变深。但是小牛被宰杀时的年数、小牛的品种和饲养方式都会对肉的颜色有影响。小牛肉的颜色大致能分为以下三种。

白

好迹象

母乳喂养的小牛肉，因为奶水中铁的成分低，所以肉是白色的。母乳喂养的小牛实际是处于缺铁性贫血状态，但小牛肉是极其美味的。

坏趋势

很长一段时间内，市场上只有肉色很白的小牛肉。因为这些小牛肉主要是通过养殖场集中饲养而成的，而且养殖场给小牛提供的饲料是特别避免小牛肉色变红的种类。这有悖于牲畜生存环境并会对肉质产生不良影响。

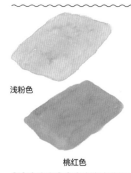

浅粉色

桃红色

好迹象

在小牛犊的生长过程中，从断奶那一刻起，它们就开始乱跑并开始吃草料。牛肉的颜色也开始由白色变成浅粉色，然后是桃红色。尤其是那些农户养殖的小牛肉，它们的肉非常细嫩，带着渐渐突出的香味。

坏趋势

需要仔细查看小牛肉的来源，有可能是集中饲养的。

红色

好迹象

有些品种直接供应的就是红色的小牛肉，这是因为它们特殊的饲养方式，比如阿韦龙和黑麦地小牛肉、科西嘉小牛肉、比利牛斯山桃红牛肉等，都是特别好的小牛肉。

坏趋势

注意！有可能是开始变质的养殖场产的小牛肉。

"**选择一块优质小牛肉的关键**，是要了解小牛肉的来源，或是知道一家可信赖的肉店。"

小牛分切部位图

小牛的切割与肉牛的切割比较类似。
此时，肌肉已经成型成块，所以可以区分出来，
用于烧烤、煮肉或炖肉等不同的烹饪方式。

法式切割

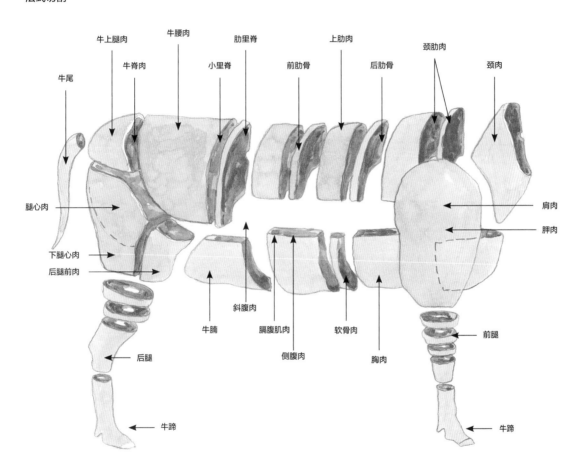

牛尾

牛上腿肉

牛脊肉

牛腰肉

小里脊

肋里脊

前肋骨

上肋肉

后肋骨

颈肋肉

颈肉

腿心肉

下腿心肉

后腿前肉

斜腹肉

牛腩

膈腹肌肉

侧腹肉

软骨肉

胸肉

肩肉

胛肉

前腿

后腿

牛蹄

牛蹄

英式切割

如同肉牛切割，英式切割的主要目的是分割出不同肉块用于煮肉或炖肉。

美式切割

这种切割的原因在于，美国人更喜欢烧烤而不是煮肉。

小牛分切部位介绍

小牛肉的部位选择有很多，不是只有小牛肋排或是用于做白汁炖小牛肉的部位。
知道肋里脊、前肋骨、上肋肉、后肋骨的区别吗？

颈肉Le Collier

颈肉不太为人所知，但是杂烩炖、法式炖肉火锅或炖肉的最佳选择。这块肉柔嫩又有香味，虽然稍微有些油腻。

颈肋肉La Côte Découverte

这个部位只有将肩胛摘除后才能看见，也是肋肉里面最窄又比较硬的一块。一头小牛有五块颈肋肉。

肋里脊La Côte-Filet

肋里脊位于侧腹肉部分，很宽且经常会被一层脂肪覆盖。如果稍煎一下放进烤箱烘烤的话，是非常好吃的一块肉。

前肋骨La Côte Première

前肋骨也有五块，每个肉块都非常完整且嫩，肋骨也是直的。买的时候注意肉排至少要有4厘米厚。

后肋骨La Côte Seconde

后肋骨毫无疑问是最好、最柔嫩的小牛肋排了。含有不少脂肪，瘦肉偏少。整个小牛有三块后肋骨。

肩肉L'épaule

肉店里常见去骨后捆一起的肩肉，用作整块烘烤肉（Rôti）烹饪，因为单独切成肉片后，肉纤维会变得不那么嫩。在节日聚餐时，别忘记带骨购买。

里脊肉Le Filet

从肋里脊下就能抽出这块里脊肉，通常切成圆形小肉块煎着吃。

小里脊Le Filet Mignon

小里脊是最为柔嫩的小牛肉，根本禁不起长时间烹饪。可以先煎一下，然后用烤箱低温慢火烤熟食用。

牛腩Le Flanchet

这是胸肉里最瘦，也是最长的部位。很多软骨也很柔嫩，味道很鲜美。这是块炖肉的好料，当然也可以煮肉食用。

腿肉（分为前腿肉和后腿肉）Le Jarret（Avant Ou Arrière）

前腿的肉不多，更多是后腿上的。但前腿的肉更细嫩，因为后腿需要承载整个身体，所以肌肉经常收紧，肉质偏干紧。

脸肉La Joue

脸肉十分少见但非常好吃，是又瘦又嫩的部位，一定要用小火慢炖。

上肋排Le Haut De Côte

相当于肉牛或猪的肋腹部分，做白汁炖小牛肉时会经常用到上肋排。

牛腰肉La Longe

牛腰肉是小牛的腰间部位，通常会去骨后捆绑起来，作为整块烘烤肉销售，烹饪时需要慢火处理。

腿心肉La Noix

这是腿部肌肉中最为核心的部位，非常细嫩，所以在肉店里经常切成厚片销售，是非常好吃的肉排。

后腿前肉La Noix Pâtissière

后腿前肉位于后腿前部，通常也会切成厚片，但要比腿心肉片小很多，尽管也是很有滋味的一块肉。经常会被点心店采购，作为酥皮饼的肉馅使用。

 带髓腿骨L'os À Moelle

小牛腿骨，当然比成年牛的腿骨要小很多，但是口感上并不输于成年牛腿骨。在购买时，一定要肉店纵向切割成两半长条，放进烤箱烘烤食用。

 胸肉La Poitrine

小牛胸肉包括牛腩和软骨肉，这块肉是做肉馅的首选，口感柔嫩，味道又香。

 牛上腿肉Le Quasi

牛上腿肉真是令人惊艳的一块

肉，相当于肉牛的后臀肉。在小牛的臀部上方，是非常嫩、纤细又脆弱的一个部位，吃起来真是一种享受！

牛尾La Queue

小牛的牛尾比成年牛的牛尾要细，也没那么油腻，但烹饪方法基本类似，即做成法式炖肉火锅、肉酱和肉糜等。

哇!

牛脊肉排La Selle

这块肉比较少见，是切割牛腰肉肋骨部分切出来的，吃到这块肉的喜悦好似过节。

牛下腿心肉La Sous-Noix

牛下腿心肉在后腿肉心部分，纤维略微比后前腿肉粗糙些，适合切成肉片慢火煎或小火炖。

软骨肉Le Tendron

软骨肉是小牛胸肉中软骨组织最多的部分，经常用于烧烤或者慢火炖肉。

不为人知的部位

小牛胖肉

小牛胖肉与成年牛胖肉的位置类似，在肩肉中腹肌肉上部，是非常细嫩同时难以找寻的部位。

哇!

膈腹肌肉

小牛的膈腹肌肉比成年牛的同部位更为细嫩，味道更均衡更棒。

侧腹肌肉

这块肉也非常少见，肉块小且扁平，纤维长。必须要尝试一下。

斜腹肌肉

小牛的斜腹肌肉也极少见，但味道同样非常好。

"皱胃或小牛的第四胃，可以提供凝乳酶（牛奶凝固剂），能用于固化牛奶或酸奶，也可用于制作奶酪。"

最顶级的品种猪

我在此处提到的品种都很特别，可以称为"参加比赛的猪选手"。
养殖户会精心构建饲养环境，给它们关爱和奔跑的空间，
而且尽量提供最好的饲料。

顶级中的顶级

伊比利亚黑猪

伊比利亚猪与凯尔特猪、亚洲猪一起，构成了猪肉界三大完整品种体系，其他的品种均来源于这三个品种。伊比利亚猪主要是在西班牙西南和西部地区饲养，猪头相对较小，口鼻较宽，耳朵较大，甚至直接就遮挡了眼睛，四肢比较细小，后腿较平。这个品种的体积比其他的要小些，更适合觅食。同时它也能很好地适应地中海区域冬天潮湿、夏天干热的气候。伊比利亚黑猪的特点是能在身体里保存住干果的油酸，例如冬季当作饲料的橡子果等。该品种以其黑火腿（Pata Negra）及猪肉制品而闻名，其肉有着令人赞叹的口感，柔嫩多汁，肌肉间的脂肪入口即化，香气十足。

种公猪体重： 280千克，**母猪体重：** 180千克

酮体重： 150—200千克

比戈尔黑猪或加斯科涅黑猪Bigorre（Gascon）

这是法国最为古老的品种，在1960年前后差点消失，几位有激情的养殖户重新找到残存的后代，并小心保护不与其他品种杂交才得以复兴。该品种猪主要生长于南比利牛斯地区，全身黑色，体形比较滚圆，四肢纤细结实，头部比较长，耳朵较薄。这是个很结实的品种，生长周期慢，通常是半散养的状态。饲料主要是谷物和夏季草料，但在冬季，比戈尔黑猪会在周边森林里获取橡子果、栗子等干果，这使得它的肉质更加出色。比戈尔黑猪被认为是伊比利亚黑猪的变种，两者有些共同点，比如肉色深红，味道强劲，脂肪纹理细腻。由比戈尔黑猪的后腿肉制作的火腿被认为是世界顶尖火腿之一。

种公猪体重： 300千克，**母猪体重：** 250千克

酮体重： 180—210千克

> "应该可以注意到，上述文章没有提及粉色皮肤、大耳朵又有长尾巴的猪。我们谈论的是养殖场产出的猪，与肉店里不好卖的猪肉没有任何共同点。"

利木赞黑臀猪

这个法国品种也差点灭绝，工业大规模饲养模式和人工脂肪的出现差点消灭了这个以脂肪量高而闻名的优质品种。利木赞黑臀猪也被称为圣依里耶猪（Porc De St Yrieix），主要分布在法国中央平原西部地区。黑臀猪也是伊比利亚黑猪的一个分支，同样很结实，活跃又很敏感，生长周期比较慢。口鼻较长，耳朵薄且向前生长，体形矮壮且宽，四肢较长而且粗壮。皮毛呈粉红色，多数生有黑色毛块，一块在前部，一块在臀部，故被称为黑臀猪。冬季散养时，它会在树林里寻找榛子、橡子果或栗子等食用，所以它深红色的肉也带着这些干果的香气。黑臀猪产脂量很高，是唯一一种后背可以储有10厘米厚油脂的猪。

种公猪体重：250千克，**母猪体重：**200千克

酮体重：160—190千克

努斯塔尔猪Nustrale

在科西嘉岛，努斯塔尔的意思是"我们的"，这个品种也仅仅在科西嘉岛饲养，绝大多数在岛的南部地区已经有上千年历史，但差点因为与其他品种杂交而灭绝，同样是因为几位养殖户的环保主义倡议而得以保留。外形近似伊比利亚黑猪，努斯塔尔猪全身皮毛呈黑色，猪鬃比较厚长，口鼻比较长而细，耳朵较为贴近身体，后背短而圆，猪尾比较长且扁，四肢较细，后臀平圆。努斯塔尔猪也是个很结实的品种，全年在外活动，经常是半散养状态，但夏天会转场到山上，秋天下山在树林自行找橡子果和栗子吃。在科西嘉岛主要是用于制作当地特色猪肉加工产品，肉质非常好，香味强劲，简单烹饪后就十分美味了。

种公猪体重：220千克，**母猪体重：**160千克

酮体重：110—150千克

顶级品种猪

~~~~~~

顶级

巴约猪Le Porc De Bayeux

巴约猪源于法国卡尔瓦多斯的贝桑（Bessin）地区，最初是诺曼底猪与伯克希尔猪在19世纪杂交的结果，它的数量在第二次世界大战中的诺曼底登陆时期大量减少，直到1980年才得到恢复。巴约猪体形较大，很重又结实。它的特点是油脂纹路清晰、香味强劲，是当地养殖户用做完奶酪后剩余的乳清饲养的结果。

种公猪体重： 350千克，**母猪体重：** 300千克
酮体重： 200—250千克

巴斯克黑蹄猪（巴斯克猪）
Le Pie Noir Du Pays Basque（Porc Basque）

巴斯克黑蹄猪曾经大量分布于比利牛斯山东部和西班牙北部，1981年正式宣布濒临灭绝。它能存活下来的原因是几位巴斯克养殖户积极挽救，继而使其重新走入消费市场。这个品种也是伊比利亚黑猪的分支，头和尾均为黑色，身型矮小，跑跳能力强。对恶劣气候环境的抵抗力强，是法国西南部地区著名盐腌肉的主要原料。

种公猪体重： 250千克，**母猪体重：** 210千克
酮体重： 140—170千克

伯克希尔猪Le Berkshire

在18世纪，这是第一个被单独列出来的猪品种，源自伦敦西部的伯克希尔郡。现在已经基本灭绝了，因为它不适合工业化饲养。伯克希尔猪皮毛色深，猪蹄及尾尖均为白色，很结实，但增肥比较慢。它的肉色属于淡红色，脂肪纹理清晰，肉嫩多汁，味道很香，肉纤维较短也比较纤细。

种公猪体重： 280千克，**母猪体重：** 200千克
酮体重： 140—200千克

卡拉布里亚黑猪Le Porc Noir De Calabre

这是意大利最为古老的品种，在意大利南部卡拉布里亚地区自由或半自由放养。卡拉布里亚猪源自伊比利亚黑猪体系，体形中等，增肥比较慢，四肢细，生育能力极强。它在冬季主要食用橡子果和栗子，因此肉质非常嫩，脂肪纹理清晰，入口余味悠长，做成的肉类加工食品也非常美味。

种公猪体重： 250千克，**母猪体重：** 200千克
酮体重： 140—180千克

> "请别忘记，猪其实是非常聪明的动物，而且性格很顽皮。"

希耶纳琴塔猪Le Cinta Senese

　　这个品种中世纪时便为人所知，主要是在意大利托斯卡纳地区希耶纳周边的山区里。琴塔猪很好识别，因为它的胸部和前肢上有淡粉色的条纹。它比较结实，自由或半自由散养，冬季主要吃橡子果和栗子，夏季吃草料和植物根茎。在托斯卡纳特色肉加工食品中，琴塔猪的肉质鲜嫩，味道强劲，拥有非常香的油脂。

种公猪体重： 300千克，**母猪体重：** 250千克

酮体重： 170—220千克

红板条猪Le Red Wattle

　　据传，红板条猪来自新喀里多尼亚，然后由法国移民于18世纪末带入美国新奥尔良州，但这个品种逐步被增肥比较快的品种取代。它几次濒临灭绝，1970年前后在美国得克萨斯州得以复兴。红板条猪的肉质比较瘦且多汁，在口感和质感上非常贴近牛肉，是令人吃惊的猪肉品种。

种公猪体重： 300千克，**母猪体重：** 250千克

酮体重： 190—230千克

格洛斯特郡花猪Le Gloucestershire Old Spots

　　格洛斯特郡花猪在40年前几乎灭绝，近几年又在英格兰西南部的格洛斯特郡山谷中得以大量饲养。这种猪又名果园猪，因为它曾经在果园中饲养，主要食物是落地的苹果。体形相当结实，厚重且圆，后腿很宽，背部的脂肪层厚，肉味极好且多汁。

种公猪体重： 300千克，**母猪体重：** 250千克

酮体重： 170—220千克

英国白肩猪Le British Saddleback

　　人们最初是用意大利拿坡里种公猪与英格兰爱塞克斯（Essex）母猪杂交进行品种改良，随后又与威塞克斯（Wessex）母猪杂交得到了英国白肩猪。它在20世纪极受养殖户欢迎，但现在已经比较少见了。猪身是黑色的，从肩部到前腿有一条粉色皮毛，耳朵向前且很大。毫无疑问，它是做培根熏肉的最佳品种。

种公猪体重： 320千克，**母猪体重：** 270千克

酮体重： 190—230千克

曼加利察猪

这种猪是我的私房秘密，我的小甜心！
在冬季，它长有像羊毛一样的长毛，但它真的是猪。

为什么能称得上"顶好"的品种？

曼加利察猪（Mangalica）的首要特点是脂肪产量非常大，无论是肌肉内还是肌肉外的脂肪，甚至背部的脂肪也能达到10厘米的厚度。

它的脂肪口感像奶油，还带着一丝甜味，基本入口即化（温度达到32℃时就开始化了），并且不含胆固醇，主要是不饱和脂肪。

大多数时候，人们把曼加利察猪称为猪肉界的和牛。因为同和牛一样，它的脂肪重量与肉重量基本持平。肉色鲜红，接近牛肉，肉味强劲，有点类似科西嘉猪肉的味道。当然，这么好的猪肯定不是用豆饼、抗生素或转基因饲料等喂养的，曼加利察猪全年都在户外散养。

历史小故事

曼加利察猪被认为是最接近野猪的家猪品种（它的小猪崽与野猪崽拥有同样的条纹），它是1830年在匈牙利被发现的。据考证，曼加利察猪也是伊比利亚黑猪的一个分支，由几种北欧猪的品种杂交产生，其配种目的是尽可能产出大量油脂。当时有三种颜色的曼加利察猪，包括金毛、红毛和黑毛。曼加利察黑猪已经消失，但曼加利察金毛猪与克罗地亚的一个品种杂交后产生了新品种——皮毛是"燕子黑色"，腹部则是比较浅的颜色。

这些曼加利察猪全部在森林、沼泽地和空地上散养。这个品种的发展很迅速，很快遍布欧洲，其原因是它所能生产出来的脂肪多，而当年工业化饲养增肥还未出现，且植物油脂产量不高。

高密度工业化种植和养殖方式的诞生使曼加利察猪这个完美品种走向衰落，存栏量从1955年的18000头迅速跌落到1960年的240头。

它在1970年时仅剩40头，离种群的灭绝已非常接近了。幸好当年成立了曼加利察猪养殖户协会，这才得以避免悲剧发生。协会制作了品种登记名录，从那以后生产的所有曼加利察猪都得以被记录在案。

直至今日，曼加利察猪的养殖地已遍布世界，比如法国、美国和日本等。

品种标准

曼加利察猪体形中等，身高70—90厘米，骨架相当细，但十分坚硬。生长速度比较慢，第一年时70—80千克，第二年时140—150千克，三年后可达180千克。它的耳朵是中等大小，向前生长，瞳孔为棕色。

猪鬃

曼加利察猪猪鬃的变化与绵羊类似，夏天时猪鬃很细短，到了冬季则又厚又卷。猪鬃的颜色根据品种不同也有区别，一般是金色、红色或燕子黑（身体黑色但腹部白色）。

相关的肉类加工食品

曼加利察猪在肉类加工食品中，基本是巅峰级别的原材料。因为它脂肪量很高，所以做火腿的话风干期会长达40个月，这么长的风干期也使得火腿肉的香气非常厚重，同时肉质还是非常细嫩呈深红色。曼加利察猪火腿经常被称赞能与伊比利亚黑猪纯火腿相媲美，这就说明了它的品质。

在其他类别的加工食品里，曼加利察猪因其油

脂的香气和柔嫩、入口即化的口感，成为美食爱好者最为追捧的产品之一。

猪肉特点

外观比较接近利木赞黑臀猪，脂肪很厚，纹理也十分突出，这给烹饪带来很多香气。曼加利察猪的肉是非常柔嫩多汁的，且香气持久，入口余味悠长。值得注意的是，肉里含有大量的欧米茄3和欧米茄6，以及抗氧化成分，可以有效抵御胆固醇凝结。

关于家猪的故事

千万别认为只有粉色的猪。

猪来自遥远的古代，在古罗马时期，就已经非常招人喜欢了。

历史上的自由驯养阶段

在当今土耳其和塞浦路斯一带，找到了大约9000年前的猪的驯化痕迹。据此，有人认为猪最早是在这一带被驯化的。随着人口流动和迁移，猪的驯化过程遍布了亚洲、非洲、大洋洲等地，传入欧洲的时间大约是公元前1500年。那个时候猪的皮毛颜色还是很深的，比如黑色、灰色、棕色等。

在古罗马帝国时代，人们对猪肉的喜爱远远超过其他肉，但猪的饲养却是在中世纪时期才得到快速发展。当时，人们允许小猪崽在街头随便走，只是在猪脖子上挂一个小铃铛进行识别，猪在街道上吃的是垃圾。

这种随意的饲养方式在1331年被终止，法国国王发出禁令，禁止猪在街头随意游走。一番研究后，人们才发现是因为街头游走的猪惊惹了一匹马，而骑马的人是国王的儿子。

最初的肉食加工品

与此同时，在农村人们已经开始在初冬杀猪制作盐腌肉，以便在更为寒冷的时节有足够的肉食。

到了15世纪，出现了一批卖肉食加工品的商贩，他们将猪肉加工成食品在市场上销售，但是这些肉食商贩没有权力销售新鲜猪肉。

当年市场上卖肉食加工品的商户，逐步衍变成我们现今熟悉的熟食店。

现代化养殖方式

到了17世纪，猪的体形和颜色都开始转变，通过与发育快的亚洲品种猪进行杂交，欧洲品种猪的颜色开始变浅成粉色，同时体形也更大。

从19世纪开始，养猪就进入工业化生产了，这也得感谢马铃薯的大量种植，因为这个时期猪饲料多为马铃薯。

到20世纪，那些增肥速度比较慢的品种逐渐消失，取而代之的是那些增肥比它们快两三倍的品种。

如今，多亏了那些执着的养殖户，我们才能品尝到比戈尔黑猪和利木赞黑臀猪等猪肉的美味。

野猪是家猪的祖先吗？

理论上不是，但又不能百分百确认。家猪究竟是来自被驯化的野猪，还是祖先本就不与野猪属同一品种，仍是未知。在这个问题上科学家的分析是不同的，因为欧洲家猪品种的基因带有欧洲品种野猪的特征，但不像亚洲品种野猪；而亚洲家猪品种基因则与亚洲品种野猪近似。

家猪

在家猪大家庭里，有老母猪、小母猪、小公猪等，
多像一个家族的名字。

奶猪崽（Le Cochon De Lait）

幼崽从刚出生到第四个星期内，都叫奶猪崽。奶猪崽的体重约为6千克，基本全靠母乳喂养。这时候的猪肉非常白，嫩得入口即化还带着一丝甜味。

乳猪（Porcelet）

4周到6个月大的阶段为乳猪，重量是6千克至40千克，虽然还没断奶但已经可以吃谷物饲料。肉是浅粉色，吃起来依然非常嫩。

如果是工业化养殖品种

如果是优质品种

肉食加工猪

到第六个月时，工业化养殖的猪已经成熟，可以为肉食加工产品提供原料，所以被称为肉食加工猪。虽然年数短但体重已经达标，可以食用。

家猪

优质品种的家猪需要一段时间长大增肥，两年后才可以上市，肉质会比较鲜嫩可口。

公猪

母猪

小公猪

已经成熟，但未交配。

小母猪

此时它的性发育还未完善，但最终是当作生育的母猪饲养。

种公猪

成年公猪作为种猪饲养。

成年母猪

主要用于产崽，胸口的奶头数量代表它能哺育的乳猪数量。

老母猪

繁殖过多次，不再具备生育能力。

饲料与猪肉品质的关系

一头优质的家猪是可以半自由活动的，自己在田间山林里找食物，
大自然能在不同季节给家猪提供不同的饲料，
多样化的饲料会对猪肉品质的提升有帮忙。

家猪是杂食类动物，它什么都吃，植物根茎、橡子果、栗子，当然也有草料和蔬菜，甚至树皮。实际上，我们感兴趣的也只是它的饲料。

蔬菜（Légumes）：胡萝卜皮、马铃薯皮；豆类：豌豆、大豆；谷物：大麦、玉米、小麦、燕麦；其他：栗子、橡子果、根茎。

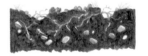 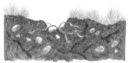  

冬季

这是家猪最爱的季节，它能找到栗子、橡子果以及有水分的根茎。它掘开地表土，吞食下能找到的一切食物。总而言之，在冬季它能努力去增肥和健身，提供好肉。

猪肉品质

2月、3月、4月的猪肉绝对好吃。

春季

土壤开始变得湿润，草类植物冒了出来，地下的生物环境也有所改善。家猪会吃草和地下能找到的一切，这期间它也会不停奔跑。无论如何，这是个美好的季节，尽管没有太多它最爱的食物。

猪肉品质

5月的猪肉极美味，6月和7月的猪肉也很好吃。

夏季

这是个让家猪感到忧郁的季节，土壤越发潮湿，地下没什么可吃的，草也不像春天那么肥美。这时候养殖户开始添加蔬菜和谷物喂猪，省得它们瘦太多，当然不会让家猪受太多的罪。

猪肉品质

8月、9月、10月的猪肉很好吃。

秋季

秋天来了，土壤中家猪爱吃的东西又多了起来，而且从树上掉下很多美食，藏在树叶下，栗子和橡子果也出现了。这期间家猪会幸福地摇着尾巴，一路刨地觅食，什么可吃的都不剩下。

猪肉品质

11月的猪肉勉强及格，12月的很好吃，1月的口感最好。

猪肉分切部位图

法国美食中烹饪猪肉的方法很多，
所以猪肉的切割手法也要比人们想象的丰富得多。
慢火烹饪或大火，不同部位都有自己独特的烹饪方法。

法式切割

猪尾　臀尖　小里脊　肉膘（板油）　肥里脊　白膘　初肋排　烤排　二肋　肋脊骨　脊骨肉　颈椎肉　猪耳　猪鼻

后腿臀肉

后腿前肉（嫩腿肉）　腹肋排　胸肉　斜腹肌肉　膈腹肌肉　碎腿肉　猪短肋排　肩胛肉　肩肉　猪喉　猪脸

后腿　前腿　猪蹄　前腿

英式切割

在英格兰，当地人切割猪肉的方式比较近似法国切法。

美国切割

这种切割法主要是保证能有大肉块，在大型餐会上烧烤之后食用。

猪肉分切部位介绍

一般人肯定知道猪肋部分好吃，但了解同样美味的肩胛肉、
斜腹肌肉、后腿前肉、颈椎肉、肉膘等部位吗？

肋脊骨La Côte Échine

脊骨这部分有最好的肋骨肉，很嫩又带有一块很好的脂肪。烹饪时时间可以更久点，因为这块肉不容易熟透。

肋里脊La Côte-Filet

这是肋骨肉中最靠后的部位，通常切成T字形，类似牛肉中的T骨肉排。去骨后就是通常所说的里脊肉了，可用于整块烘烤，但容易干硬。

初肋和二肋排 La Côte Première Et La Côte Seconde

二肋排的前端与脊椎肉相连，而初肋排则在二肋排和肋里脊之间。买肉时一定要挑选带猪背脂肪和猪皮的部分，这样才会有更丰富的味道。

脊骨肉L'échine

这个部位是指部分颈肉和5块最初的肋骨，有点类似牛肉的下肋排，是家猪最好的部位之一。烹饪时可以做成整块烘烤肉或者顺着肋骨切后烹饪，肉质很柔嫩，油脂感丰富，非常有味道。

小里脊Le Filet Mignon

小里脊是块很长且窄的肌肉，肉质细嫩，注意不要与里脊肉弄混。用铁锅慢火煎，但千万控制好火候，过火了肉就干硬了。

猪喉La Gorge

这部分油脂很多，通常肉食店会用于制作肉糜、肉酱或为其他部位提味。烹饪后食用时，已减少了许多油脂。

烤排La Grillade

这块肉位于肩肉和肋肉之间的位置，特点是纤维长，肉块平整，有不少脂肪，肉质柔嫩。经常添加在一些咖喱菜中，也可以烧烤，但必须控制火候。

猪鼻Le Groin

这块肉通常煮熟后作为沙拉拌菜，但也是非常适合用铁锅慢火炖的部位。

后腿臀肉Le Jambon

这是在后腿上部靠近臀部的部位，通常用于制作熟悉的火腿肉，例如清炖火腿或腌制风干生火腿，也可以切片或整个烹饪。

猪腿（分为前猪腿和后猪腿）Le Jarret（Avant Ou Arrière）

猪腿也被称为猪小腿，前后腿有细微差异。前腿肉质比较细嫩，后腿有更多的肉，但肉质比较硬，因为猪是从后腿挂起来放血的。

脸肉La Joue

人们一般认为脸肉会很油腻，但实际它很瘦，少见但非常好吃。脸肉需要的烹饪时间比较长，同时也最适用于炖肉。购买时，一定要跟肉店提前预订。

白膘Le Lard Gras

白膘是指家猪的背部，通常在做法国西南名菜砂锅炖芸豆（Cassoulet）时连皮一起烹饪，或用于给肉汤提味。去皮后，可以切成小长块，在煎瘦肉时一起煎，为瘦肉提味。

碎腿肉La Noix De Hachage

名字就说明一切，这个前腿后部的肉往往被绞碎作香肠馅。

猪耳Les Oreilles

猪有大耳朵这事已经是众所周知，通常是先煮一下然后烤熟，猪耳里有很多口感很棒的软骨。

肩胛肉Le Paleron

坦白而言，肩胛肉应该是家猪身上最好吃的一块肉。与牛肩胛肉一样，上部肩胛肉可以烧烤吃。如果整块烹饪，中间的筋腱不仅会带来很多香味，而且会让炖菜显得透亮。

> **"如果您买的是一整块后腿臀肉（火腿肉），** 务必保留肉皮和里面的脂肪部分，然后切成小块放在冰箱保存。在煎东西吃时，您可以取出这些肉皮代替黄油或植物油，味道极好。"

哇!

肩肉（又称"比基尼"）La Palette（Ou Le Bikini）

这个部位在家猪肩上部，靠近脊骨，如果带骨则是做炖肉和整块烘烤肉的好材料。去骨后，也可以做烤肉，口感会很嫩又很有味道，脂肪纹理很漂亮。

肉膘（板油）La Panne

这是一块白得发亮又柔润，在肾脏周边的脂肪。一般是单独剔出来熬猪油用的。味道比较特殊，所以在烹饪时用的很少，更多是在糕点店使用。

猪蹄 Les Pieds

猪蹄通常先煮后煎食用，也可以做肉糜、肉酱或在熬肉汤时添加，利用其胶质部分来提味。

猪短肋排 Le Plat De Côtes

猪短肋排位于猪的胸腔前端，是用来做盐煮肉的最好部位。当然也可以买新鲜的猪味肋排，用慢火炖或炖杂烩，口感松软，味道香。

臀尖肉（臀里脊）La Pointe（Ou Pointe De Filet）

臀尖肉在后腿肉顶部，相当于牛肉的后臀牛排。这是块比脊骨肉还瘦的部位，但也不像里脊肉那么干。一般来说，人们会买来后去骨，捆绑好用于做整块烘烤肉。

胸肉（瘦膘）La Poitrine（Ou Lard Maigre）

胸肉是非常适合做整块烘烤的部位，人们也称它为瘦膘，这是因为它的位置在猪胸部，比背部的膘油脂少很多，在法国南部经常用于做烟熏胸肉。

猪尾 La Queue

如今，猪尾已极少出现在餐桌上了。通常是在汤锅里煮熟，也可以粘好面包渣后煎烤一下。

胸排骨 Les Travers

这是胸腔靠上的肋骨，在法国南部会以比较特别的方式切割，因为通常会带有很长的骨头，是肉少脂肪少的肋排，烧烤后被称为"脆肉排"（Couston）。

不为人知的部位

哇!

颈椎肉（Lepoa）

这块肉的发现者是埃里克·奥斯皮达尔（Eric Ospital），他在法国西南百约内（Bayonne）做肉食加工工作。在那些沉重又老的家猪身上，从猪头和猪背开始的地方抽出两条小肌肉。颈椎肉一定要在肉还是很嫩的时候吃，比如温火整块烘烤，这样才能保证柔嫩多汁。

哇!

后腿前肉（嫩腿肉）

后腿前肉在后腿靠前的位置，一般肉店老板会把这块肉留给自己。每头家猪会有两块后腿前肉，但牛只有一块。这块肉的质感有点类似鸡胸肉，但味道比鸡胸肉强劲很多。

哇!

膈腹肌肉

家猪的膈腹肉，与牛身上的位置相同，但更小些，也需要在熟成工艺处理下才能表现出与牛的膈腹肉同样的优点——柔嫩而且味道足。

哇!

斜腹肌肉

这简直是猪肉界的金牌级部位，产量极少，肉块细长，纤维长，肉质瘦且嫩。在煎锅里煎至还带粉色时食用，口感绝妙，当然也可以腌制一晚后再煎。

是选择品种猪的肋排，
还是无品牌商标的肋排？

千万别在购买时说"来个猪肋排"，
除非真的想要那些泡沫盒装，被薄膜包裹得没滋味又干硬的东西。
下文所说的肋排来自那些生长期较长，食物充沛又得到养殖户关爱的家猪。

看看下面三幅完美的图片，这是三块令人称赞的猪肋排，再对比右下那块颜色苍白令人毫无食欲的普通猪肋排，从中能看到颜色及脂肪在肌肉内外分布上的差异吗？再设想烹饪后会是什么情况，猪肉在嘴里就像一块糖果一样熔化，香气饱满多样，能尝出栗子、橡子果和榛子的味道。当然肉也不能太熟，粉色的最好，千万注意别烹饪过度了。

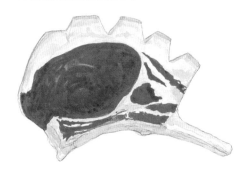

比戈尔黑猪

比戈尔黑猪肋排肉上的脂肪渗入到肌肉里的纹路非常漂亮。肌肉的颜色为深红色，厚度适中，肉质柔嫩，且带有榛子、橡子果和杏仁的香气。

利木赞黑臀猪

利木赞黑臀猪在猪肉界的地位相当于和牛在牛肉界的地位，它的肋排肉中有脂肪，脂肪中间包裹着肌肉，且带有栗子和榛子的香气。

努斯塔尔猪

努斯塔尔猪肋排肉上的脂肪纹理非常漂亮，这块肋排吃起来会让人感受到高山牧场上青草的香气，充满了科西嘉岛的小灌木丛、栗子、榛子和橡子果的味道，令人回味无穷。

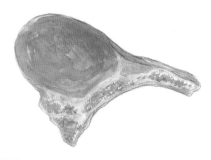

普通猪

养殖户给普通猪喂养大量饲料以便其快速生长，这头可怜的猪甚至没有时间去长脂肪，肉质苍白得接近透明。

喜欢生火腿还是熟火腿？

同样一块后臀腿肉，盐腌一下，
若用两种不同的传统工艺制作，会出现两种不同的火腿。
第一种是风干的，至少可以保存几个月；而第二种带着肉汁，只能保存几天。

生火腿

除了每个产区自己独特的调味秘诀之外，原则上制作生火腿的方法是一样的。先取出猪后腿，去掉猪小腿；用粗盐揉搓后用盐包裹腿肉放到阴凉的环境中，保存15天左右；之后将肉取出，去掉粗盐，用温水冲洗干净，开始风干；在风干过程中，盐会均匀地渗透到肉里面，整个风干过程可达一年；接下来进入精制期，这期间酵母和细菌开始起作用，带来些特殊的香气，精制期越长，生火腿的香气越丰富。品质好的生火腿，从腌制到上市大概需要24个月，而那些品质更加出色的生火腿，则需要36个月到48个月的时间。

是生火腿还是干火腿？

一条干火腿肯定是一条生火腿，但一条生火腿却不一定是干火腿，我来解释一下——干火腿的风干期至少是4个月，而生火腿并没有风干时间长短的要求。但两种火腿肯定都是生肉制品，并且食用环境温度都在20℃到25℃之间。只有处于这种环境温度下，生火腿的香气才能得到释放。

熟火腿

与生火腿一样，后臀腿肉也需去掉猪小腿、盆骨和粗血管。一旦去骨后，腿肉会分成两部分。这时将肉直接放到腌制水中，腌制水含有糖、盐、各种食用染色剂及香料。为了尽快入味，人们也会将腌制水直接注射进猪肉内。根据不同需求，腌制期在几天到两周不等。在熟制之前，将两块肉放到一个袋子里，压紧并复原成去骨臀腿肉。熟制过程是用蒸或水煮，但必须控制火力，保证肉的核心部位温度达到71—72℃，然后降温送入冷库。

工业生产的白火腿是怎样制作的？

用于工业生产的猪肉会被注水，体积能膨胀到两倍之多。然后放进一个能容纳400—500千克的大铜容器内搅拌摔打，之后压紧，造型处理后熟制，再切片。为了使肉能从外观上看着像火腿切片，工厂里还会在中间夹杂些脂肪，最后用熟猪皮包裹边缘，所有这一切都是为了让其看上去像真火腿片。

最好的生火腿

火腿里有个"腿"字，原材料的肉来自腿部，这是毫无疑问的吧？
但有的火腿真不仅限于猪腿，也有来自其他部位的。

世界很多地区都生产火腿，每个地区都有自己的特点，这也是由不同地区不同家猪品种、用盐、气候特点、风干手段等因素综合决定的。接下来，我们来巡游一下火腿产区，了解世界主要的火腿产品。

圣达尼尔火腿的形状类似吉他，这也是识别这种火腿的最直接的方法。

▌▌法国

利木赞黑臀猪Le Saint-géry
在法国西南的佩里格北部，让·德诺开发出一种令人不可思议的火腿。这种火腿来自法国最好的伊比利亚黑猪系品种——利木赞黑臀猪。生猪饲养过程是半散养，主要食用冬季的橡子和栗子。风干及精制熟成期约为36个月，这样可以制作出含盐量不高，但很柔嫩，带着榛子和栗子香味的火腿。这是世界顶级火腿之一。

巴约讷火腿L'ibaïama（Bayonne）
这是纯粹的巴斯克火腿，制作使用的是巴斯克品种家猪，靠巴斯克海风风干，用的是很特别的来自贝阿内（Béarn）盐场的天然盐水盐。20个月的精制期后，火腿为深红色，油脂分布非常细腻，带着核桃的香气和烘烤香料的味道。

孚日鲁克瑟依火腿Le Jambon De Luxeuil
这种火腿的制作方法据说有超过2000年的历史。先用法国汝拉山区红葡萄酒及香料浸泡腌制腿肉一个月，过程中还要周期性地将腿肉取出擦干及涂盐；然后将火腿放置在用藤条编织的晾干板上，用干针叶树干及野樱桃木烟雾熏干。精制期一般为7个月至8个月。

科西嘉布里斯乌图火腿Le Prisuttu（Corse）
科西嘉火腿使用的品种是努斯塔尔猪，它在生长过程中基本处于半自由散养状态。冬季吃橡子果和栗子，夏天吃树丛、嫩叶和树皮等。这种火腿的盐腌时间较短，口味不会太咸，精制期仅需2个月至3个月，香气以百里香、马郁兰、树丛嫩叶和榛子为主。

德国

马岩斯火腿Mayence

在13世纪法国美食作家拉伯雷（Rabelais）的作品《巨人传》（Gargantua）中出现过它的痕迹，此后就消失了。一直到20世纪，马岩斯火腿才重新回到人们的视线中。它的口感与法国百约内火腿口感近似，但肉质偏硬紧，肉周边油脂出色，香气美妙。

意大利

摩迪纳库拉特洛火腿Le Culatellol

摩迪纳库拉特洛火腿的产区临近摩迪纳，使用的家猪是喂养麦麸皮、玉米、大麦和奶乳清长大的。摩迪纳库拉特洛火腿只选用后臀腿肉中最为核心的部位，用盐、胡椒、蒜和白酒腌制，然后塞入猪膀胱缝住进入400天的精制期。冬季的晨雾和夏季的湿热给火腿带来了红色向桃色渐变的独特色彩，香气厚重，带着甜味，肉片入口即化。

西西里内布洛迪火腿Le Nebrodi（Sicile）

在西西里岛北部，内布洛迪黑猪处于自由或半自由的放养状态，它们的活动区域是内布洛迪山区长着橡树和榉树的森林。这个品种的家猪与野猪近似，但濒临灭绝，非常少见。此火腿的香味细腻，香气厚重又柔和。

帕尔玛火腿Le Parme

长白猪与杜洛克猪吃着草场饲料和小灌木，喝着做帕马臣奶酪后剩下的奶清长大。制作时，会使用其后臀腿肉用盐、大蒜和糖一起腌制。经过两年的风干期，我们会获得肉色桃红，又肉质紧凑的火腿，口感略微偏甜。

圣达尼尔火腿Le San Daniele

圣达尼尔火腿只用体重超过200千克的家猪制作，于是单条火腿重量可达12千克。阿尔卑斯山风和亚得里亚海风带来18个月的精制风干期，随后火腿被压制挤出最后的水分，所以外形有点像吉他，口感略微甜咸。

南蒂罗尔斯佩克火腿Le Speck（Tyrol Du Sud）

源于意大利北部上阿迪杰大区，靠近奥地利边界，斯佩克火腿制作时用盐、糖、大蒜、杜松子和其他香料腌制，随后用冷烟熏制，风干精制两年时间。火腿肉色深红，脂肪纯白，入口后带着果香，香气悠久。

西班牙

曼加利察火腿Le Mangalica

通过饲养匈牙利曼加利察猪，西班牙开发了同名火腿，无论是肌肉之间还是肉纤维内都含有不少油脂，甚至比伊比利亚黑猪火腿油脂还多，但这个油脂的熔化温度更低。能找到它的可能性非常低，因为曼加利察猪刚刚从濒临灭绝的边缘回来。但有机会品尝的话，能体验到厚重的口感，榛子的香味，并且口中余味非常悠长。

百分百伊比利亚黑猪火腿Jambon 100% Ibèrico

伊比利亚黑猪的特点是能在体内保留油酸，而且在冬季只吃橡子果，肌肉间的脂肪也非常出色。在西班牙西南热风中风干，并且这个火腿的精制风干期长达3年，制成后是世界上最好的生火腿之一，拥有极其出色的品质。

瑟拉诺火腿Serrano（Teruel Trevelez）

这个火腿的名字来源于西班牙瑟拉诺山区，提供猪肉的猪比伊比利亚黑猪体形大但没那么多油脂。火腿是用盐揉制，然后用热水洗净，随后擦干开始在山区凉爽山风中风干精制，过程可达15个月。火腿肉的颜色不一，从深红到紫色，带着略微泛黄的油脂，味道非常好。

特鲁埃尔省（Teruel）的瑟拉诺火腿是法定产区级别的，乳猪先喂奶然后用大麦喂养，火腿的精制期可达28个月。

特维莱兹产区（Trevelez）的瑟拉诺火腿享受产区地理保护，它产于安达卢斯山区最高的村落，精制期也是28个月。

这两款火腿都是品质非常出色的产品，其市场价格与百分百伊比利亚黑猪火腿持平。

黑猪火腿
真的是来自百分百伊比利亚黑猪吗？

著名的黑猪火腿是西班牙美食的旗帜性产品之一，
但有人知道这著名的火腿是源自那些冬天只吃橡子果的伊比利亚黑猪吗？

伊比利亚黑猪的生活

伊比利亚黑猪是一个很古老的品种，生长得比较慢。它的特点是能固定住橡子果中的油酸，并演变成生长在肌肉纤维中及肌肉周边的脂肪，也正是它的脂肪给黑猪的肉质带来了特别的口感。

历史小故事

西班牙内战后，又重新在西南部植树。植树的方法则要追踪到西班牙中世纪，这种种树方法被称为"草原种植法"（Dehesa），就是通过大量种植圣栎树、软木橡树、山毛榉、松树等来促进牧草场的发展和其他农业作物的种植。

不同季节的生长节奏

夏季，我们的伊比利亚黑猪没什么可吃的。幸好秋天很快到来，从10月开始，橡子果开始大量成熟落地，于是这些黑猪开始疯吃起来。为来年夏季的饥荒做脂肪储备。

第二年的生长节奏

到了第二年夏季，黑猪已经长到100千克。熬过夏季，秋天又到了，还带着数不清的橡木果，这时候黑猪变得疯狂了。为了避免再次饱受饥饿的痛苦，它每天甚至能吃掉10千克的橡木果。

牺牲的季节

等到落果季节结束，黑猪的肌肉里也充满了橡子果油酸，在它还没开始消耗自己的脂肪时，黑猪将被宰杀。但当地人很尊重这种家畜，会称其为牺牲而不是宰杀。

黑猪的杰作

被宰杀后，黑猪的后臀腿部位被切割下来，放进潮湿的冷库里，静置6—7个小时，使肉的温度降到6℃。

盐腌

随后在腿肉上撒上粗盐，腌制大概6天至10天。在这期间，黑猪肉已经开始失去若干水分。盐腌期结束后，人们用温水洗干净火腿，避免表面残留盐渍。

冷藏

经过"洗澡"后的火腿被放入第三个冷库，在这里会停留1个月至2个月。这期间，渗入肉里的盐会逐步均匀分布到整块肉中，防止肉霉变。

自然风干

火腿被放入风干空间，空间内一般有流动自然风，风干时间大概为6个月至9个月，过程中火腿会逐步失去水分，麦拉德反应慢慢开始。随后糖分开始凝结，脂肪开始氧化，且有一小部分熔化并渗入到肉中，细菌与微生物种群也开始产生。简单而言，外表安静但内部在工作。

精制期

将火腿移到一个比较潮湿的地窖，这样本地酵母开始依附在火腿上生长。也是在这个阶段，火腿开始生成最为细腻或最为强烈的味道，产生干果、榛子等香气，但还得等30个月至50个月后才能有最好的火腿。

黑猪火腿及其他火腿

西班牙对火腿相关的法律规定曾经很模糊，但近几年发生了改变。法律明确区分了黑猪火腿与其他伊比利亚黑猪制作的非同等工艺标准的火腿。

百分百伊比利亚黑猪火腿

如今，黑猪火腿必须由百分百伊比利亚黑猪肉做成，黑猪自由散养，夏季喂食草料和水果，冬季吃橡子果。但这种火腿产量非常低，只占西班牙火腿总产量的0.5%。为了与其他西班牙火腿区分开，百分百伊比利亚黑猪火腿带有黑色标签。

伊比利亚贝洛塔火腿Bellota

这种火腿要求黑猪的纯种度在75%，也是散养，冬天吃橡子果，夏天吃草和水果。火腿成品上带红色标签。

伊比利亚乡间饲养火腿Cebo De Campo

这种火腿要求黑猪的纯种度在75%，也是散养，以谷物、草料、水果等喂养，但没有橡木果。火腿成品上带绿色标签。

伊比利亚饲养火腿

这种火腿要求黑猪的纯种度在50%，在大型猪圈里喂养，饲料主要是谷物和草料。火腿成品上带白色标签。

请不要轻信……

当商家说黑猪火腿是用只吃橡子果的伊比利亚黑猪制成时，要提高警惕，因为初秋的时候根本没有橡子果吃，春天和夏天也没有。这是火腿卖家编出的谎言，千万别中了圈套。

黑猪火腿分切部位介绍

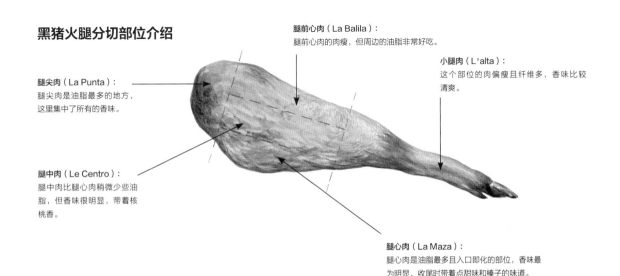

腿前心肉（La Balila）：
腿前心肉的肉瘦，但周边的油脂非常好吃。

小腿肉（L'alta）：
这个部位的肉偏瘦且纤维多，香味比较清爽。

腿尖肉（La Punta）：
腿尖肉是油脂最多的地方，这里集中了所有的香味。

腿中肉（Le Centro）：
腿中肉比腿心肉稍微少些油脂，但香味很明显，带着核桃香。

腿心肉（La Maza）：
腿心肉是油脂最多且入口即化的部位，香味最为明显，收尾时带着点甜味和榛子的味道。

把培根带回家！

虽然法国的培根有些令人沮丧，但"培根"（Bacon）这个词确实源自法语。
它是指一条白膘肉，即按照长度切开的半扇猪肉。
不过，这都是无关紧要的事情，重点是培根熏肉的做法来自丹麦，而不是英格兰。

培根来自哪里？

丹麦人吃培根的历史非常悠久，因为培根是吃土豆的好搭档。大约在1850年，丹麦人将培根出口到英国。英国人将这种猪肉做法占为己有，然后就是大家熟知的培根发展历程了。但直至今日，英国人吃的培根熏肉中有超过半数是从丹麦进口的。

制作培根的肉是家猪身上的哪个部位呢？

英国和丹麦的培根是从家猪背部切出来的，它含有一部分肋骨肉和包围着这部分肌肉的脂肪。但也可以从家猪的其他部位切出培根，比如美国培根通常是从猪胸部切，加拿大和法国则会用里脊肉，还有些地区会挑选猪脸肉或猪肩肉下部分。

都叫培根却各不相同

法式培根

法式培根是一块精瘦肉，没有油脂，也不会煎出金色。总而言之，非常失败。举例来讲，快餐店里汉堡包中加的那条培根就是法式的，品质可想而知。

英式培根

英式培根跟法式培根是完全不同的。在英国，人们甚至饲养些家猪品种专门为培根口味比赛做准备，比如塔姆沃思猪（Tamworth）、英式白肩猪（British Saddleback）、伯克希尔猪或格洛斯特郡花猪等，都能提供非常有味道的培根熏肉。这些家猪都是有爱心的养殖户喂养的，能品尝到也是作为消费者的幸福。

培根是怎样制作的？

两种制作方法，也可以说有两种盐腌方式。

干式盐腌

干式盐腌是纯手工的方法，味道最好但耗时最长。先将盐、糖和香料混在一起揉制猪肉，然后放一边静置几天，这个揉制静置过程要重复几次；随后挂起来风干两周；最后进入精制期，时间从几个月到一年不等。有些培根是用苹果木、樱桃木、榉木等烟熏风干。

盐水腌制

盐水腌制是使用最为广泛、效率最高的实用性方法，但相对而言，制成的培根香味一般。制作时先在水中倒入盐和枫树糖浆，调和好后将肉放置其中浸泡2天至7天，然后取出悬挂2周风干一下。

在超市等卖的培根，会被注射进配方不明的液体来加强培根的口感和味道。

经过盐腌后，培根就可以食用了，这是我们常说的"经典培根"（Green Bacon）。它也可以烟熏，那就该称为培根熏肉了。

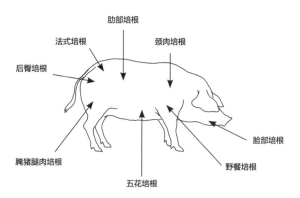

肋部培根
法式培根　　　　颈肉培根
后臀培根
脸部培根
腌猪腿肉培根　　　野餐培根
五花培根

猪肉

后臀培根

制作后臀培根的肉位于后臀，是英国一种特有的培根切法。后臀培根肉瘦，但周边还有一圈提味的脂肪。这是在英格兰和爱尔兰最为常见的培根。

肋部培根

制作肋部培根的肉从家猪的肋部切出，它的香味和脂肪含量恰好在后臀培根和五花培根之间。用慢火烹饪，最后炸一下食用。

颈肉培根

制作颈肉培根的肉从肩肉里切割出来，带着非常漂亮的脂肪纹理，这也避免了培根在烹饪过程中变干。颈肉培根与肋部培根的烹调方法一样，可用来搭配些汤汁不多的菜肴。

出色!

脸肉培根

如果没有经过烟熏，脸肉也会在意大利餐中作为腊肉出现。事实上，这是块非常好吃的脂肪，带有少许肉。适合煎一下，然后佐些蔬菜食用。

野餐培根

制作野餐培根的肉也是从猪肩部切出来的，但肉偏瘦没有太多油脂。这块培根是所有培根里肉最紧硬的，也没有特别的香味。

五花培根

制作五花培根的肉来自猪胸部，有大块的提味脂肪。五花培根是美国最为常见的培根，在法国售卖时会换成猪胸这个词，不管是否经过烟熏。

出色!

腌猪腿肉培根或维尔特郡培根

这种培根的做法从19世纪中叶延续至今。制作时使用的肉味道非常好，肉质柔软，可根据烹饪和食用习惯切成不同厚度的部位。毫无疑问，这是最让人感兴趣的培根。

法式培根

法式培根基本是工业加工出来的，被大量注水，有烟熏款但是质量差，而且总也煎不出金黄色泽。

非同一般的白膘！

我得跟您讲个非同一般的东西，
风干白膘精制过后，带着关爱制作几个月才能得到这出色的产品。

从前人们会在菜肴或汤里扔进块白膘提味，后来它被制成一块出色的火腿肉，比如黑猪火腿，经过3年风干才能获得的这块火腿，味道美得令人难以置信。事实上，接下来要说的就是这块非同一般的白膘。

出色！
👍

科隆纳塔白膘 Le Lard De Colonnata

科隆纳塔白膘水准极高，毫无疑问是世界上最好的白膘，它的做法源自古罗马时期。

白膘从古老品种的家猪背部切出，在托斯卡纳地区卡拉雷市（Carrare）科隆纳塔这个小镇上得到精心准备。

家猪一旦被宰杀后，从背部取出的白膘至少有3厘米厚，随后将其放到一个大理石石槽里静置72小时；然后放入大蒜、迷迭香、鼠尾草、牛至、盐和胡椒，以及八角、肉桂、丁香和肉豆蔻等香料，甚至大理石槽与白膘接触面上也用蒜涂抹；将白膘在这个石槽里精制两年时间。这期间，盐会吸收白膘脂肪中的水分，使脂肪变得更白并使脂肪奶油化，吸收香料的味道。大理石槽不仅防水，而且封盖后能保证整个精制过程中温度的

稳定。一旦精制期结束，我们得到的是块香气细腻到无法想象的白膘，它的颜色是几乎透明又带有一定深度的珍珠白色。香味很清爽，带着胡椒、草及香料香气，入口后味道更是柔美优雅。

随后科隆纳塔白膘会被切片，大小薄厚如卷烟纸一样。白膘一般适合在常温下食用，温度甚至还可以高点，在25—26℃时，白膘会达到巅峰状态，显示它的神奇口感。

食用时将白膘放到经过烘烤的黑麦面包片上，让脂肪熔化到面包里，随后加上奶酪片和蜂蜜，或直接食用，让白膘在嘴里熔化。如果将白膘片包在稍微过油的芦笋上，其美妙滋味非只言片语可形容。

> "当我妻子还在沉睡时，我会切几片白膘作为早餐，这是我私藏的乐趣。"

阿尔纳白膘Le Lard D'arnad

阿尔纳白膘也是绝对优秀的食物，比科隆纳塔白膘知名度低一些，但是同样出色。阿尔纳是意大利北部奥斯特（Aoste）山谷里的一个小村庄（在夏蒙尼附近）。阿尔纳白膘是用家猪肩上部脊柱附近的脂肪制作的。

把白膘放在盐水里腌制，同时在盐水里加入只有当地山谷里才有的香草料，主要是迷迭香。随后将白膘与香料放入木桶里继续精制，木桶是用橡木、栗树或落叶松木制作的。精制期大概三个月，取出来的白膘带有强烈的植物香气，食用方法与科隆纳塔白膘一样。

伊比利亚黑猪白膘

用伊比利亚黑猪做的黑猪火腿上带着非常出色的脂肪，同样黑猪的白膘也非常出色。这种白膘取自黑猪背部的脂肪，先用盐腌，后冲洗再风干。这些步骤与黑猪火腿一并进行，于是白膘也会吸收火腿散发出的香气和味道，比科隆纳塔白膘的香气更强烈且多些果香。珍珠白色的黑猪白膘带来的是干果的香气，比如榛子、核桃等。实际上在这块白膘里，人们能明白为什么黑猪火腿是那的神奇。

古安夏蕾白膘Le Guanciale

古安夏蕾白膘原产地是在意大利罗马地区，原材料是猪脸上的脂肪，但夹带着少许肉丝。制作古安夏蕾白膘的几种做法中，最为出名的是勒皮尼山靠近拉齐奥地区的制作方式。白膘先用葡萄酒冲洗，然后添加盐、红胡椒和其他香料揉制，最后是两个月的风干期。古安夏蕾白膘颜色非常白，略微有些硬度，带着植物香料和麝香的味道。食用时稍微烹饪一下，是意大利白汁奶酪菜肴的绝佳搭配。

伊比利亚黑猪胸膘

黑猪胸膘与黑猪火腿、黑猪白膘一样都来自伊比利亚黑猪，也是在西班牙西南部生产的，腌制风干后精制期为几个月。脂肪最后的颜色也呈珍珠白色，带着干果的香气和轻微甜味。

比戈尔猪胸膘

胸膘只用比戈尔猪的胸部肉制作，过程是先用粗盐与压碎的胡椒揉制后再风干，精制期为6个月以上。它的颜色为轻微桃红，口感有略带甜的胡椒香。因比戈尔猪本身的脂肪品质高，所以这块胸膘肉也是非常出色的。

猪血肠的世界

黑猪血肠是用猪血和猪脂肪制作的，
世界上已知最为古老的猪加工食品之一，
据传在古希腊、古罗马时代就有了。
传统上讲，是在每年秋天宰杀家猪时食用的。

　　黑的、白的、红的、绿的；大的、小的；冷食、煎的；炒的、要切片的、要压碎在面包片上的，猪血肠的吃法相当多样，这也证明了人们对这个食品的喜爱。每个国家做这个食品时都有自己的秘方和特别调料，来走一圈猪血肠的世界吧，一生怎么也得吃一回！

▌▌法国

加拉巴尔血肠（Galabart，整个法国西南地区）

出色!

　　将猪血、猪头肉、猪皮，甚至猪舌、猪肺、猪心等，一起绞碎装入肠衣。有时候也会加些面包屑或者硬脂肪。

科西嘉桑吉血肠Sangui

　　将当地努斯塔尔猪的猪血与当地可食用树丛草叶混在一起，也可以加入洋葱、薄荷还有野生墨角兰。

科里奥雷血肠（Antilles，法属西印度群岛）

　　在当地可以用羊血替换猪血来制作血肠，里面会混加面包屑、香料或辣椒水，吃起来很柔腻。

▌▌比利时

维特特利普血肠（Vète Trëpe，比利时中部）

　　制作维特特利普血肠时用猪的白肉加香料，然后以三分之一的比例加入白菜和绿菜花，一起绞碎后加入肠衣。所以这种血肠是绿色的。

✕ 苏格兰

斯托诺韦黑色布丁（Stornoway Black Pudding，苏格兰西海岸群岛）

出色!

　　斯托诺韦黑色布丁在整个英国非常有知名度，用燕麦和牛肾脏脂肪制成。质地比较易碎，味道中带有很强的胡椒味。

🏴 德国

图林根烤肠（Thüringer Rotwurst，德国中东部靠近边界地区）

图林根烤肠的配方始于1613年，是有记载的最古老配方。将猪肩肉碎块加猪脸肉用盐水腌制12小时后，加猪肝和猪皮绞碎后加入肠衣制成。

██ 意大利

托斯卡纳毕洛勒多Biroldo

这种血肠的颜色非常深，质感细腻，是将猪心、猪肺和猪舌绞碎后加入丁香和茴香籽等制成。

希耶拿布里斯图Buristo

这类血肠很宽，里面有猪头肉和脂肪，再加上柠檬、橙皮和大麦，有时候还会加入松子。食用时要切片放在刚出炉的面包上。

🏴 西班牙

布尔格斯省黑血肠Morcialla De Burgos

这种血肠用猪血和猪脂肪，加上洋葱和大米，还有猪油和辣椒做成。在卡斯蒂利亚地区，还有的做法是加上西葫芦和葡萄干。

加那利群岛甜血肠Morcialla Dulce

这个黑血肠口味很甜，里面会有杏仁、蜂蜜、桂皮、松子和葡萄干，在加利西亚也有这种血肠。

➕ 芬兰

黑肠Mustamakkara

这种黑肠的配方很久远了，是在猪血里加面粉、碎黑麦和洋葱。吃的时候要搭配蔓越莓果酱、热奶或红葡萄酒。

🏴 冰岛

板条黑肠Slátur

板条黑肠的配方历史也很久远，黑肠由血、肠子、羊肾脏脂肪和燕麦制成。售卖时由顾客决定要绞碎哪些材料，然后由顾客自己塞入肠衣。

🏴 瑞典

血肠布丁Blodpudding

血肠布丁略微发甜，由猪血、白膘丁、牛奶、大麦、啤酒、糖浆和香料等制成。食用时要用冰牛奶搭配。

🏴 美国

毕洛勒多Biroldo

毕洛勒多由意大利移民引入美国，后在美国用牛血代替猪血，用猪鼻肉、松子、葡萄干和香料制成。

路易斯安娜红血肠Boudin Rouge

这种红血肠吃起来有颗粒感，里面有猪肝、大米、绿洋葱和红胡椒。千万别与卡郡肠（Cajun）弄混，后者是不含血的。

🏴 巴尔巴德群岛（加勒比海国家）

血肠Blood Sausage（Caraïbes）

这种血肠用猪血、甜薯、洋葱香料及本地香草制作。食用时一般还要加上猪蹄和猪耳。

🏴 法属圭亚那（南美）

血肠Blood Sausage（Amérique Du Sud）

这种血肠一般是用牛血加上大米、香料和香草（比如百里香和罗勒）制成。食用时通常会搭配一种口感厚重的胡椒调料。

🏴 巴西

黑血肠Chouriço Ou Morcilla Ou Morcela

这是种源自欧洲葡萄牙的血肠，在当地很受欢迎，通常是在烤肉之前食用。

最顶级的品种羊

下面介绍的是绝对无与伦比的羔羊肉和绵羊肉，
这些品种羊的肉质绝不普通。
请拿出纸记录下来，下次去买肉时跟卖肉的店家买这些羊的羊肉部位，
肉质绝对出色，是其他地方的羊肉没法比的。

顶级中的顶级

比利牛斯山区奶羔羊

　　这种羔羊只靠母羊奶水喂养长大，不吃任何其他东西，既没有抗生素，也没有谷物饲料。夏季肥厚的草料喂肥了在10月份产崽的母羊，羔羊通常在出生后20天到45天内被宰杀，酮体重6千克到8千克，羊腿肉很少能超过800克重。为了尊重自然生育节奏，每年只有在10月15日至来年6月15日间才有奶羔羊供应。法国四分之三的奶羔羊被出口到西班牙，因为在西班牙，奶羔羊的地位等同于鹅肝在法国美食界的地位。因为奶羔羊主要靠母羊奶喂大，所以它的肉非常白净，纤维非常细，肉质又柔嫩，味道并不重。

品种：黑头马涅克羊（Manech Tête Noire），红头马涅克羊（Manech Tête Rousse），巴斯科羊（Basso Béarnaise）

活体重：15—20千克，**酮体重：**10—18千克

圣米歇尔山滩羊Mont-saint-michel

　　这种羊的饲养传统是从中世纪开始的，当时的封建领主开始填海造田，修建水坝。滩羊先是在羊圈里饲养，然后在村边的滩涂地带散养，那里的草料通常被涨潮的海水浸泡过，植被包含非常特别的嗜盐植物（在水或盐土中生长），如星星草、海榆钱、盐角草等，给我们的羔羊带来花香和碘的味道。海边散养的时间不能少于70天，一般从6月份开始，到来年1月份结束。羔羊必须要在滩涂地区走上很远才能找到食物，所以滩羊的肉比较紧凑，脂肪很少，味道也很有特点。

品种：诺曼底阿富蓝秦羊（Avranchin），鲁珊羊（Roussin），萨福克羊，汉普夏羊

活体重：40—50千克，**酮体重：**20—25千克

> **"看到这些羔羊是有多漂亮了吧？这样的羔羊可是在工业化养殖场里见不到的。"**

凯尔西农户饲养羔羊Quercy

在14世纪末期，凯尔西农户就已经在干旱的洛特省高原地区喂养这种羊。20世纪70年代至20世纪80年代，人们从别的地方直接引进成千上万的羔羊在凯尔西宰杀，并以"洛特省羔羊"品牌销售，导致这种羔羊数量迅速减少。有少数养殖户抗议这种行为，并于1996年获得了食品红色标识认证。农户饲养羔羊时要求羔羊在出生后两个月内用母羊奶喂养，断奶后在羊圈里喂养和增肥，满三个月前宰杀。宰杀后进行严格筛选，只有三分之一的羔羊能以"凯尔西农户饲养羔羊"的认证出售。羔羊肉颜色较浅，脂肪白又紧，香气很细腻。

品种： 洛特高原羊

活体重： 30—40千克，**酮体重：** 15—20千克

巴雷热-伽瓦尼羊Le Barèges-Gavarnie

这是种很特别的羔羊，生活在比利牛斯省东部高山地带的封闭山谷内，当地人基本自给自足。山谷内的气候条件是海洋性气候，日照时间长。山谷底部出产一种特别的牧草，品质出色。冬季村民们用这种牧草喂养羊群，夏季羊群被带到海拔1800—2500米的牧场散养，这里的草种特别丰富。当地有两种养羊方法：数量占主体的母羊会作为肉羊饲养，喂养时间是2—6年；阉割后的公羊，上两次高山牧场后被宰杀。羊肉颜色鲜红发亮，富有极易加热后熔化、分布细腻的脂肪。带着麝香草和甘草的香味，入口后香味持久。

品种： 巴雷热羊

活体重： 45—60千克，**酮体重：** 22—30千克

顶级羔羊品种

~~~

顶级

波雅克羔羊L'agneau De Pauillac

波雅克羔羊倒不会去牧场吃草，从生下来就喝母羊奶，断奶后会用谷物饲养。它主要生活在法国纪龙德省，就是出产著名的波尔多酒的地区，这里的气候条件对羔羊来说简直是完美。母羊多为奶羊，而公羊是高品质肉羊，有这样的条件注定后代会有高品质的肉质，特别是乳羔羊，口感简直不可思议。它的肉质很透亮，且非常细腻。

母羊品种： 拉科讷肉羊（Lacaune），中央高原白羊

公羊品种： 夏洛来羊

活体重： 20—30千克，**酮体重：** 10—15千克

迪亚芒丁羔羊L'agneau Le Diamandin

迪亚芒丁羔羊是通过杂交获得的品种，母羊选用那些肉质好的草原品种，而公羊则是来自英国的品种，比如萨科克羊、南丘羊（Southdown）、文斯勒德羊（Wensleydayle）等。迪亚芒丁羊主要产自法国中西部，特别是普瓦图-沙朗特地区。羔羊先靠母羊喂奶两个月，断奶后用草料饲养，包括鲜草、干草和谷物。肉很细腻，没多少脂肪，味道很好。

品种： 沙木瓦滋羊（Charmoise），旺德羊（Vendéens），西部红羊（Rouge De l'quest），夏洛来羊等

活体重： 30—45千克，**酮体重：** 14—22千克

阿韦龙省奶羔羊L'agneau Allaiton De L'aveyron

实际上这种阿韦龙省奶羔羊的年数要比一般奶羔羊稍微大一点，它是杂交产生的，母羊通常是比较结实活泼的拉科讷肉羊，公羊也是肉羊品种，比如夏洛来羊、西部红羊等。它也是种圈养羊，主要靠母羊奶喂大，此后的饲料是带补充营养成分的干草或是谷物。肉质非常细，甚至可以称为丝滑。

母羊品种： 拉科讷肉羊　　**公羊品种：** 夏洛来羊，西部红羊

活体重： 30—40千克，**酮体重：** 16—19千克

锡斯特龙羔羊L'agneau De Sisteron

锡斯特龙羊的品种以其羊奶品质和产奶量著称，因此锡斯特龙羔羊生长速度也比较快。出生后60天内它还是靠母乳喂养，断奶后便跟随母羊去牧场。通常是70天到150天后宰杀，肉的颜色很白且柔嫩，味道也相当突出。

品种： 阿尔勒梅里诺斯羊（Mérinos D'arles），南阿尔卑斯羊，姆雷欧斯羊

活体重： 30—40千克，**酮体重：** 13—19千克

阿玛提克奶羔羊L'agneau De Lait Amatik

阿玛提克原义是"从母亲那里"，所以这个奶羔羊是靠母乳养大的。养羊户多呈家庭规模，分别在大西洋比利牛斯山区、巴斯克地区和贝阿内地区。因此，奶羔羊的体积通常比较小，往往在15天到35天时被宰杀，主要产期为10月到次年6月。肉为浅粉色，无论是生吃还是烹饪后食用，都非常多汁易化，味道也非常香。

母羊品种： 拉科讷肉羊

公羊品种： 拉科讷肉羊，夏洛来羊，萨福克羊，西部红羊等

活体重： 25—40千克，**酮体重：** 13—19千克

洛泽尔羔羊L'agneau De Lozère

法国中央高原的白羊是种非常结实活泼的品种，有点类似拉科讷肉羊和南阿尔卑斯羊。洛泽尔羔羊在饲养过程中完全不用费心，出生后会自己去吃母羊的奶，断奶后自己去寻找生草料或干草，最后养殖户会用些谷物饲料来增肥。肉质非常易化，味道略大，入口余味悠长。

品种： 中央高原白羊

活体重： 20—40千克，**酮体重：** 10—19千克

如何挑选优质羔羊？

在法国，人们选羔羊的标准不是品种而是它的产地。
是否带有红色标识，
来自欧盟地理保护标识（IGP）还是原产地保护产区（AOP）。
但事实上也没那么复杂。

羔羊肉的品质取决于几个因素：品种来源、饲养地区、饲养方法、饲料和宰杀时间等。

品种来源

那些高品质羔羊的母羊通常产奶少，不足以哺育奶羔羊或只能提供基本没有营养的奶水。可怜的奶羔羊只能很快地学会自己找食吃，比如吃草和谷物。这其实是非常令人头疼的问题，因为只有吃母乳时间长才是高质量的羔羊。

解决方案

用一头奶水充足且奶水又有营养的母羊与一头肉质出色的公羊杂交，这样能保证母羊给奶羔羊足够的奶水，同时羔羊也因公羊而能有很好的肉质。

羔羊的饲养方法

奶羔羊

从冬季到次年6月份至7月份在法国不同地区都可以买到奶羔羊肉。奶羔羊只能靠母乳喂养，喂养母羊的饲料，无论是新鲜草料还是干草料，其实对奶的品质影响很小。

圈养羔羊

看名称就能知道，羔羊是在羊圈里喂养的，常年都有小羊出生。羔羊被保护在室内，饲料不分季节也不受季节影响。所以肉的品质和数量相对稳定，全年都能保证供应。

牧场羔羊

这些羔羊通常出生在冬季的羊圈里，断奶后正好可以赶上春季的新鲜草料。如果想要盐滩羔羊，只有从6月到次年1月才能在市场上找到，因为要留给羔羊

足够的时间去吃那些海岸滩涂地带有碘味的草料。

质量标识

红色标识

通过这个标识，人们可以知道带有红色标识的产品品质是要高于常见同类产品的，这是有官方保证的。品种、饲料和饲养方式等都要满足一定标准才能获得这个标识。

IGP（Indication Géographique Protégée）地理保护标识

这是一个由欧盟统一规定的标识，它保证产品的原产地和品质，或其他被认为对产品特点有效果的内容都可以被列入地理保护标识内。

AOP（Appellation O'origine Contrôlée）标识

AOP是一个由法国政府颁发的品质认证标准，它主要通过品质来限定专有技术，并允许生产者保护自己的产品免受模仿。

这些标识都代表了一定的品质，有些羔羊肉不仅会有红色标识认证，也同时拥有IGP认证。这一切区分手段都是为了提示消费者，何为一级优质产品。

进口的羔羊肉

在法国出售的羔羊肉中，绝大部分来自英国或新西兰。在英国和爱尔兰，我们能找到非常出色的羔羊肉。从新西兰进口的羔羊肉通常会在海运的十多天中严格保鲜。

关于绵羊和羔羊的故事

虽然说人们对绵羊的祖先摩弗伦羊还算了解，
但是对它的祖先的进化过程仍是知之甚少。
最常见的猜想是它来自欧洲和亚洲的盘羊。

象征着纯洁和奉献

有说法认为人类最早饲养绵羊的痕迹可以追溯到美索不达米亚地区。随后在印度、中国、北非和欧洲都开始将绵羊家畜化。古希腊和古罗马文明中，羊经常被用作人类祭拜上天的贡品，希望上天能息怒或者是庆祝大自然新节气的开始。从基督教开始，羊便象征着基督"上帝的羔羊带走世界的罪恶"。

值得选择的美味

在中世纪时，羔羊和母羊都会被食用，但喂养它们的最初目的更多是为了它们的毛和奶。羔羊是那些有钱人和贵族享受的美食，普通民众只能吃点肉味更膻的绵羊。

19世纪末，养殖户们重新开始对羔羊肉产生兴趣，于是开始选择绵羊品种满足他们的需要，比如针对羊毛产量、羊奶或肉质等都做出相应的品种改良。不同品种的绵羊往往都是用饲养地区的名字命名的，这也与鸡和牛的发展经历差不多。

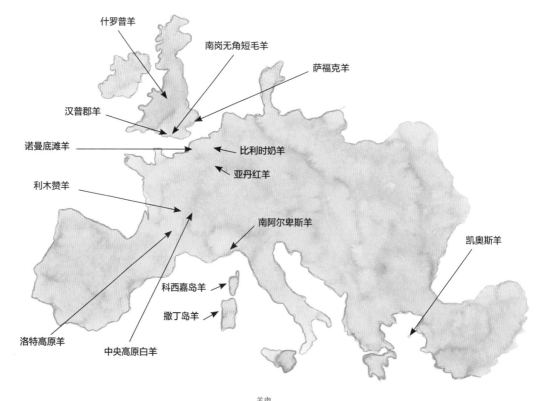

什罗普羊

南岗无角短毛羊

萨福克羊

汉普郡羊

诺曼底滩羊

比利时奶羊

亚丹红羊

利木赞羊

南阿尔卑斯羊

凯奥斯羊

科西嘉岛羊

撒丁岛羊

洛特高原羊

中央高原白羊

您了解羊吗？

蹦蹦跳跳又爱玩的羔羊特别招人喜爱。
但是长大了以后，
它们还会是孩子们喜欢的动物吗？

奶羔羊

奶羔羊是从出生一直长到5个星期至6个星期时小羊羔的名字。它体重在5千克至6千克，完全依赖母羊奶生存。肉泛白，很细嫩还带着点甜味。

白羔羊

直到3个月到4个月大时，小羔羊开始被称为白羔羊。体重在14千克到18千克，仍在喝奶，但改为牛奶。它的肉是浅粉色的，开始有些持久的香味。

灰羔羊

到了第五个月，小羊羔的体重会超过20千克。灰羔羊开始可以吃草，有时候也吃点谷物。它的肉色更偏桃红，肉味也更明显。

草羔羊

5个月后体重到达30千克至35千克时，可称小羊羔为草羔羊。草羔羊完全可以天天吃草料和谷物了，现在的肉色是亮红色，香味也比较稳定。如果是在诺曼底地区的滩涂地喂养，那么它们已经到可以宰杀的时候了。

母羊

长大后被保留用于再繁殖，一头母羊每年可以生4头小羊。

肉羊（Mouton）

肉羊是指阉割后的公羊，肉的味道非常强烈。

公羊（Belier）

公羊与母羊一样，留下来用于再繁殖。它的繁殖能力强，叫起来的声音跟骆驼一样。

饲料和羊肉品质的关系

虽然现在全年都能吃到羔羊肉，
但是羔羊肉质的好坏还是有季节性的。
羔羊吃的饲料的质量和特点，与宰杀时间都会对它的肉质产生影响。

我们刚才说到有三种不同的羔羊：奶羔羊、圈养羔羊和牧场羔羊。

对于圈养羔羊来说，季节对它们没有任何影响，因为它们的出生数量是极稳定的，饲料的品质也全年一致。但是对于靠吃母羊奶的奶羔羊和靠吃鲜草、干草甚至滩涂草种的牧场羔羊来说，季节对它们的肉质和香味是有影响的。母羊一般在冬季到春季产崽，所以我们基本可以认为羔羊肉是有季节性的。

干草料和草根

肥沃的嫩草和一些小野花

草更细、更高了，但少了。地开始
干燥了，主要有一些小白花

肥沃但矮小的草

冬季

羔羊们被赶回羊圈取暖，它们可以出去，但主要还是吃干草。这个季节奶羔羊刚刚出生，开始吃母羊的奶。

羊肉品质

奶羔羊：非常好吃。

牧场羔羊：非常棒，无论是吃新鲜草料的，还是喂干草料的。

滩羔羊：在圣诞节还能有最后一批滩羔羊，依然很棒。

春季

冬天出生的羔羊可以开始吃草了，田里也出现各种野花。羔羊变得很高兴，到处乱蹦。

羊肉品质

奶羔羊：非常好吃。

牧场羔羊：初春时还带着点干草饲料的味道，但很快就有些鲜花的香气。

滩羔羊：未到屠宰季，小羔羊刚刚开始吃草。

夏季

羔羊们在牧场里游荡，平原上的草已经没有春天那么绿莹莹了，还好有高山草场。高原上的草在阳光下被烤干。海边滩涂地带的植被则是巅峰状态。

羊肉品质

奶羔羊：正常情况下还没有奶羔羊肉，不是屠宰季。

牧场羔羊：被带到高原牧场的羔羊吃了很多嫩草和鲜花，这使得肉带有草和花的香气。而在高原地区的羔羊则肉味更强。

滩羔羊：进入屠宰季，肉开始带着鲜花香气和碘味。

秋季

初秋天气冷了，羔羊们被带入羊圈，高山牧场的羔羊也开始下山。海边滩涂地带的羔羊依旧能享受海边特别的植被。

羊肉品质

奶羔羊：屠宰旺季和销售旺季。

牧场羔羊：从高原牧场下来的小羔羊依旧带有山区植被的芬芳。

滩羔羊：羔羊肉质的巅峰时期，比夏季的滩羊味道更强烈。

羊肉

羔羊分切部位图

~~~~~~~~~~~~~~~

羔羊比较小，所以切割也是尽量简化，
切大块才够分享。
尽管如此，还是有些私密的肉块。

法式切割

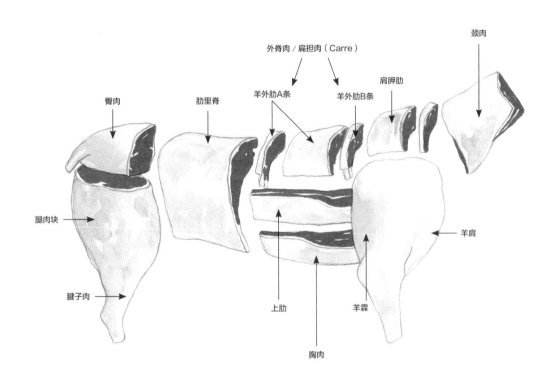

颈肉

外脊肉 / 扁担肉（Carre）

肩胛肋

臀肉

肋里脊

羊外肋A条   羊外肋B条

腿肉块

羊肩

腱子肉

上肋   羊霖

胸肉

英式切割

英式切割也要按各个部
位的大小来定。

美式切割

美式切割的肉块更大。

羊肉

羔羊分切部位的介绍

听说过皇家肋排（Côte Royale）、男爵肋排（Baron）、蝴蝶肉或羔羊肉排吗？
我接下来将会介绍这些。

加农炮Le Canon

这是用外肋去骨后的里脊肉做的整块烘烤肉，好吃得像被炮轰了，所以称为加农炮。

外脊肉／扁担肉Le Carré

外脊肉／扁担肉包括外肋A条和B条。一个好的肉匠会给您把第四条到第七条肋骨切出来一整块。这块肉各处的厚度差不多，所以烹饪时能保证肉熟得很均匀。

颈头Le Collier

无论是否去骨，颈头肉都需要慢火炖才能释放出香味，一般用来做锅底或给肉汤提味。

肩胛肋La Côte Découverte

肩胛肋在颈肉后面，由5根肋排组成，脂肪不多，且此处脂肪的主要功能是给这块肉提香和带来更多柔嫩。牛肉也有类似部位，从外观上看没有其他部位美观，但是肋骨肉中味道最强的。

肋里脊La Côte-Filet

肩胛肋后面就是肋里脊，总共5条。其实不是真的肋骨肉，而是脊椎周边的肌肉。这块肉适合所有切割和烹饪方法。

羊外肋骨A条La Côte Première

羊外肋骨A条由4条肋骨组成，紧靠B条肋骨。这4条中的第一条被称为皇家肋排，因为它正好拥有肉与脂肪的最佳配比，肉心很嫩，肋骨长且脂肪不多。

羊外肋骨B条La Côte Seconde

这是肩胛肋后面的4条肋骨。圆形的肉心非常漂亮，味道也比较浓，这是因为肋骨周边带着很多脂肪，是肉、脂肪及香味的绝妙组合。

双肋排La Double Côte（Lamb Chops, Mutton Chops）

双肋排实际是肋里脊的一种切法，切割时带脊柱骨，根据品种是羔羊还是肉羊，切出不同厚度。羔羊切成1.5厘米厚，肉羊切成3厘米厚，相当于牛肉排中的T骨肋排。

羊肩肉L'épaule

羊肩肉比羊腿肉更嫩且有更多的脂肪，可以整块烤羊肩肉或是切块做其他菜肴，比如炒羊肉。烤羊肩时可以带骨或去骨后加入其他原料一起烤，当然也可以不加。注意要选圆柱状的而不是细长的羊肩肉食用。

羊霖L'épigramme

说起这块肉，用所有的夸赞都不够形容它的美妙。羊霖拥有无法抵抗的吸引力，味道饱满，又带着一块好脂肪。它在羊肩和羊胸之间的部位，最好选择没有去骨的。适合整块烘烤、炖或煮，绝对美味。

里脊Le Filet

里脊肉用同肋里脊一样的切法获得，即去骨。共有两块，每边一块。

羊腿肉Le Gigot

羊腿肉是家庭聚餐的传统羊肉，包括后腿加一部分臀肉。肉店卖的时候会做不同的处理，比如整块、去骨捆好的、小捆的，甚至是切好的羊排。用铁锅慢火细炖，绝对好吃。

短羊腿肉Le Gigot Raccourci

短羊腿肉与羊腿肉类似，只是没有后臀肉。

上肋排Le Haut De Côtelettes

上肋排是与脊椎相邻的肋骨部分。肉比较硬，是脊椎的支撑肌肉，脊椎骨内有不少骨髓。这块很有味道的肉无论是炖还是做成肉汤煮，都必须用小火慢烹。

里脊心La Noisette

里脊心也用同肋里脊一样的切法，把羊外肋骨A条去骨，去脂肪，只留最核心的里脊肉。

羊蹄Les Pieds

羊蹄属于杂碎部分，人们一般用羊蹄做肉冻，用来包裹肉酱和肉糜，或者与一些冷餐肉搭配食用。

羊胸肉La Poitrine

羊胸肉是羔羊身体上比较靠下的部分，带有不少肌肉和软骨，也是未来的腹部肌肉。一般是整块卖，适合煮肉或炖肉。

哇! 羊臀（或臀腿肉）La Selle (Ou Selle Gigot)

羊臀肉应该在羔羊臀尖的部位，与小牛身上的牛臀肉排一样，是一块非常柔美的肉。通常去骨后捆起来，作为整块烘烤肉售卖。

英式肋肉La Selle Anglaise

英式肋肉也是肋里脊的一种，是一整块5条肋里脊。简直是皇家大餐级别的肉，必须品尝一下。

后腿肉La Souris

后腿肉类似其他家畜的后小腿，软嫩且带不少软骨组织，可以与臀腿肉分开卖。如果人们抽出时间耐心地烹饪，也能制作得非常香嫩可口。

不为人知的部位

羊后架

羊后架包括两块腿肉和两块臀肉。

哇! 男爵

男爵由羊后架和英式肋肉组成，包括两块腿肉、两块臀肉加上一整块5条肋里脊。

全羊

简单而言，全羊是指羔羊去除了胸肉、肩肉和颈肉后的部分。

帕比庸

帕比庸指除了全羊外剩余的部分，包括肩肉和颈肉。

最顶级的家鸡品种

与其他家畜一样，家鸡的品种对味道也有很大影响，
它直接影响到盘中的鸡的味道，下面是味道最好的品种。

家鸡品种间的差别

有些家鸡品种非常适合下蛋，但鸡肉根本不值一提；有些品种又能产蛋又能供肉；还有的肉鸡品种，肉是真的好吃。有些品种的鸡肉比较紧实，有的品种就更嫩些；还有的品种脂肪多，有的品种更瘦些；有的品种是浅色的肉，有的品种是深色的。

农户家鸡

选一只"农户家鸡"（Poulet Fermier）是对鸡的品质的最低要求，但还不足以称为获得了一只特别

顶级中的顶级

优质的鸡。农户家鸡只是一种养殖方式，没有明确的养殖地点和品种。因此，在购买时一定要问清肉店店家，售卖的是何品种的农户家鸡，如果店主也不知道其品种，请谨慎购买。

品种古老的家鸡

饲养历史比较悠久的品种往往是用饲养的城市名字命名的，这样肯定没错。比如巴尔贝玖市（Barbezieux）的品种，就肯定是巴尔贝玖鸡，如果是勒芒市（Le Mans）的品种就叫勒芒鸡。

箭头鸡La La Flèche

箭头鸡源自法国萨特省，这个品种的历史可以追溯到15世纪。比较多见的是黑色羽毛的，但也有白色、蓝色、珍珠灰色和斑点的箭头鸡。在8个月到10个月时箭头鸡长到最佳状态，这是种很高傲的鸡品种，它的分叉鸡冠指向前方看起来有些吓人。箭头鸡的肉色比较深，比较紧实且味道十足，最好用铁锅慢火炖。当然做整块烘烤鸡也很好，但最好低温烘烤。

公鸡体重： 4—4.5千克，**母鸡体重：** 3.5—5千克

勒芒鸡La Le Mans

勒芒鸡在20世纪中叶完全消失了，后来又有人通过几种老品种鸡的杂交复活了这个品种。勒芒鸡的重量比较大，结实有劲。鸡毛是黑色泛着绿光，鸡冠为大红色。从品质上讲，公鸡与母鸡的肉质相当；从口感上讲，有点类似巴尔贝玖公鸡。鸡肉非常嫩，还带着漂亮的脂肪。

公鸡体重： 3—3.5千克，**母鸡体重：** 2.5—3千克

> "千万别不好意思问肉店鸡的品种，这是识别肉店好坏的方法之一。"

巴尔贝玖鸡La Barbézieux

　　巴尔贝玖鸡成长很慢，不符合高速发展的社会，于是在20世纪初这个品种灭绝了。它经常公然地炫耀自己体形的高贵和强劲，还有它完美的鸡冠，更像著名的布列斯阉鸡而不像家鸡。它的肉是白色的，紧实又非常嫩，味道与我们传统意义上的鸡肉味道大不一样。总而言之，这是只不太好对付的鸡。补充一下，母鸡肉比公鸡肉更好吃。如果是用慢火整块烘烤，味道就太完美了。

公鸡体重：4.5千克，**母鸡体重：**3.5千克

顶级家鸡品种

~~~~~~~~~~~~~~~~

顶级

雷恩斑点鸡La Coucou De Rennes

这个品种因为它的斑点而出名，历史不算久远，仅仅在20世纪初才出现。但在1950年前后就消失了，后来雷恩的环保博物馆在1988年采取针对性的保护措施使得它重新出现。雷恩斑点鸡的肉质很细但紧实，味道突出，好像是爷爷奶奶们经常会提到的那种味道，还带着些榛子的香气。周日家庭午餐聚会时可以考虑烤雷恩鸡。

公鸡体重： 3.3—3.8千克，**母鸡体重：** 2.7—3.3千克

图兰黑鸡La Géline De Touraine

这又是一个差点因为第二次世界大战和工业化大生产而消失的品种。图兰黑鸡4个月成熟，比农户家鸡要慢，但比前面提到的品种要快很多。在当地，人们给它起的外号是"黑衣女士"（La Dame Noire）。黑鸡的肉是白色的，略微紧实，但味道出色且多汁，无论是美食家还是小朋友们都很喜欢。

公鸡体重： 3—3.5千克，**母鸡体重：** 2.5—3千克

高卢布雷斯鸡La Bresse-Gauloise

这个品种有着比较悠久的历史，它源自养殖地布雷斯，通常被称为"布雷斯鸡"，通体白色的布雷斯鸡也是截至目前唯一一种享受原产地保护（AOC）的家鸡品种。很结实，好斗又野蛮，有白色鸡毛、红色鸡冠和蓝色鸡脚。鸡肉呈白色，略微紧实，但又很柔嫩，会带着漂亮的肌肉间脂肪纹理。最佳烹饪方式是慢火炖或烤。

公鸡体重： 2.5—3千克，**母鸡体重：** 2—2.5千克

乌丹鸡La Houdan

乌丹鸡是19世纪时多个鸡种杂交产生的，有长胡须和鸡冠毛，且鸡脚上也有毛，鸡冠展开来就像是橡树叶，鸡脚分为五瓣，羽毛倒是没有什么特别的颜色。曾作为下蛋品种，但后来也有了不少变化。肉色比较深，质感嫩，味道有点类似山鹑。由于这个品种很容易增肥，所以也会在阉割后作为肉鸡饲养。

公鸡体重： 2.8—3千克，**母鸡体重：** 2.3—2.5千克

法维洛莱鸡La Faverolles

　　这个品种是在1860年前后杂交乌丹鸡和其他品种获得的，当时的主要目的是满足快速发展的巴黎市的需要。在1940年以前，它也是法国最为常见的品种。同乌丹鸡一样，鸡脚有五个鸡爪，鸡胡须很有19世纪的流行风格！体形大且有气势，鸡头长得有点像猫头鹰，鸡肉纤维很细且品质高。无论阉鸡肉还是老鸡肉都是非常棒的选择。

公鸡体重：3.5—4千克，**母鸡体重：**2.8—3.5千克

埃斯岱尔鸡L'estaires

　　埃斯岱尔鸡源于法国北方的鸡种与中国狼山鸡的杂交，在法国埃斯岱尔市及里尔的餐厅里能找到这种高品质的鸡。不是特别普及，但还是很结实，也早熟。埃斯岱尔鸡增肥快，肉是白色，很细嫩，也因此人们才将其与高卢布雷斯鸡做比较，称它为"小布雷斯鸡"，也同样不输于乌丹鸡和法维洛莱鸡。

公鸡体重：3.5—4.5千克，**母鸡体重：**2.5—3.5千克

芒特鸡La Mantes

　　芒特鸡是19世纪末用乌丹母鸡与布拉马（Brahma）公鸡杂交得到的品种。50年前基本完全消失了，直至最近几年，用其他优质品种重新杂交后获得再生。芒特鸡的黑色羽毛带着白色斑点，随着时间推移羽毛甚至会褪色到纯白，也有连毛胡的。目前产量很低，很难找到，肉是白色的，非常有味道。

公鸡体重：2.5—3.5千克，**母鸡体重：**2—2.5千克

克雷弗克鸡La Crèvecœur

　　据传这个品种源于14世纪的波兰，大概在15世纪进口到法国诺曼底。克雷弗克鸡曾被视为19世纪最好的鸡种，当然也差点灭绝。毫无疑问的是，克雷弗克鸡是最美最优雅的鸡种之一，黑色羽毛泛着绿光，有从鸡冠顺延下来的胡须，带有鸡冠毛和像牛角的鸡冠。也有其他颜色的羽毛，比如杂色、白色还有蓝色的。克雷弗克鸡以其肉质细腻味道好而出名。

公鸡体重：3—3.5千克，**母鸡体重：**2.5—3千克

梅尔勒洛鸡La Le Merlerault

这个古老的品种应该与克雷弗克鸡和箭头鸡有着血缘关系，因为它们的共同点比较多，比如黑色泛绿的羽毛和鸡冠毛，以及牛角般的鸡冠等。20世纪时这个品种已经完全灭绝了，结果一家克雷弗克鸡养殖户发现了这个品种，于是将这个品种复活了。简单而言，梅尔勒洛鸡与克雷弗克鸡相比没有胡须，而且行动速度快，仪态也很高傲，饲养时需要更大空间。它的肉非常美味。

公鸡体重： 3—3.5千克，**母鸡体重：** 2.5—3千克

古尔内鸡La Gournay

古尔内鸡也被称为诺曼底布雷斯鸡，因此可以看出这个品种来自法国诺曼底。可以肯定的是这个品种来自乌丹鸡和布拉马鸡的杂交。古尔内鸡带着白色斑点，有点像雷恩斑点鸡，但在优雅方面略微输给雷恩斑点鸡；体形稍小，动作快，能很容易地上树。它的肉色是白色的，带着很好的脂肪纹理，味道可口。由于增肥快，所以人们一般把它作为年底节日聚餐的阉鸡或老鸡饲养。

公鸡体重： 2.5—2.8千克，**母鸡体重：** 2—2.3千克

让泽鸡La Janzé

原有的让泽鸡品种在第二次世界大战后消失，几位养鸡户通过杂交高卢布雷斯鸡和图兰黑鸡使其复活。它非常优雅而且体形标准，鸡头很灵活。这个体形中等的鸡以其肉质出色而出名，尤其是鸡胸肉。但要注意，带着红色标识的让泽鸡并不是真正的让泽鸡，仅仅是一个大规模饲养的基础品种。

公鸡体重： 2—2.7千克，**母鸡体重：** 1.9—2.2千克

弗磊兹光脖鸡La Cou Nu Du Forez

这个品种的特点是红色鸡脖、白色颈肉和纯白羽毛，历史并不悠久，很结实又长得快，抗热能力不错。在繁殖过程中的特点是：只有一半的小鸡是有光滑的红色鸡脖且带白色颈肉，其他的有可能是鸡脖部位完全带毛或完全没毛。除了外观稍微怪异，它的肉质还是很出色的。

公鸡体重： 3—3.5千克，**母鸡体重：** 2.3—2.8千克

关于家鸡的故事

可别误解，家鸡不是一开始便是家鸡的，
在进入鸡圈之前，它走了很长的路才让我们能享用到它的美味。
在这途中，也有很多种类在最近几年消失了。

现代家鸡

19世纪中叶，家鸡的品种特征还是很明显的，然后亚洲家鸡品种出现了！亚洲品种的家鸡体形比较大，被带到欧洲后改良了当地禽类品种。现代家鸡包括欧洲品种、亚洲品种和新欧洲品种。

欧洲品种　　亚洲品种　　新欧洲品种

19世纪末时，家鸡的标准得到统一。母鸡成为"品种母鸡"，不能随意地游走于农户的田间旷野。

品种被引入优化家禽养殖业。

很多家鸡品种灭绝或濒临灭绝，比如巴尔贝玖鸡、雷恩斑点鸡、图兰黑鸡、让泽鸡、勒芒鸡和梅尔勒洛鸡等。

20世纪80年代起，人们重新对这些古老的家鸡品种产生兴趣，幸运的是它们又被那些充满激情的养殖户复活了，同时它们也得到了渴望获得高品质食材的消费者的认可。

没有料到的全球通

在亚洲，野生的公鸡和母鸡都是在树枝上生活的动物。

鸡是最早被人类家畜化的动物之一，时间约在8000年前。在3000年前，从波斯和古希腊开始，它们的家畜化延伸到欧洲。

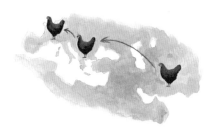

在法国，两次世界大战之间的和平期是家禽养殖业最注重质量的黄金期。

但第二次世界大战后，工业化养殖开始，尤其是可以迅速生长的

公鸡的国度——法兰西

法国人自称高卢人，"高卢"从拉丁文词源角度上看是公鸡的意思。古罗马人称当时在法国这片区域的人为"高卢人"，因为当地喂养了很多公鸡。而现在，高卢公鸡成为了法国的象征。

其他禽肉及畜肉

除了我们挚爱的家鸡以外，
全年都能找到很多其他的禽类以供食用，
不再局限于年底重大节日或狩猎季。

珍珠鸡

珍珠鸡脾气比较大，来自非洲。在非洲，它们还可以自由跑动。珍珠鸡的肉质略微有点野味，很容易干柴。常见的家养珍珠鸡品种多为努美迪，但也有其他品种。选购时尽量挑选年数短的珍珠鸡，肉质会更细嫩，味道也会更好些。铁锅慢火炖是推荐的烹饪方式，应避免整块烘烤。

成年体重：1.2—1.4千克，未成年体重：800克

鸭子

源自科尔维野鸭（Colvert）品种的巴巴里鸭、鲁昂鸭和沙朗鸭（Challans）是非常有名的食用品种。骡鸭是通过与鲁昂鸭或北京填鸭杂交获得的品种，但其公骡鸭主要是用于增肥生产肥肝（Foie Gras），也只有公骡鸭的肝才能以肥肝的名义出售，骡鸭其他的部位是以鸭胸肉或油封鸭的形式销售。如果想要整鸭，尽量买母雏鸭，要比小公鸭的肉细且好吃，烹饪时注意保留其鲜嫩口感。

鸭的体重：1.6—3.5千克，骡鸭体重：可达7千克

鹌鹑

人工饲养的多是被称为"日本鹌鹑"的品种，它的口味比较厚重。一般用于整块烘烤，但要注意在胸肉上覆盖培根，否则会很干硬。千万不能切开平烤，会干得没法吃。

体重：150—250克

肉鸽

食用的肉鸽一般是白色羽毛的美国品种，比如得州鸽、赫姆鸽（Hubbel）、王鸽或法国品种卡奴鸽。乳鸽比成年肉鸽更为细嫩好吃。

体重：400—500克

雉鸡

雉鸡源自亚洲，但早已适应欧洲大陆的气候条件。一般是先家养一段时间后，再放到林场以供狩猎季食用。最常见的品种是长尾雉鸡。母雉鸡的味道更细腻，但体形小。

母雉鸡体重：900克，**公雉鸡体重：**1.4千克

鹅

公鹅和母鹅从肉质上是有区分的，母鹅的肉质更细、更柔嫩，诺曼底母鹅应该是肉质最细的了。波旁白鹅（Bourbonnais）、图卢兹鹅或朗德鹅都是常见的家养品种，肉质肥厚，同时也是产鹅肝的好品种。需要注意的是，鹅肉在烹饪过程中会失去不少重量。

体重：4.5千克

火鸡

火鸡来自北美墨西哥，母火鸡远比公火鸡好吃。公火鸡往往是切割后零售或做肉馅，所以俗话说"不要成为烤火鸡肚子里的肉馅"。索罗涅黑火鸡（Sologne）和亚丹红火鸡（Ardennes）是最有味道的品种，适合用烤箱低温烘烤。

体重：3—5千克

兔子

为什么兔子会在禽肉部分呢？因为在肉食店里兔肉是与禽肉放一起卖的，所以还是按这个习惯来分类吧。最受欢迎的是勃艮第灰兔，肉质很紧实有点硬；或是阿拉斯加兔，全身都是黑色，肉质细腻；还有法国大兔子，体重超过3千克，但肉质很细。

体重：2—3千克

鸵鸟及鸸鹋

最近几年在市场上很容易就能买到鸵鸟肉及鸸鹋肉，它们都来自澳大利亚，但现在法国也有喂养。两种禽类的肉质比较接近：肉色比较深，很细腻，有点牛肉的味道，但更平淡些。当然市场上不能买到整只的，基本是以肉店处理好的烤肉卷、肉排，甚至肉酱的形式出现。

鸵鸟体重：近100千克，**鸸鹋体重：**40千克

您了解鸡吗？

偷个鸡蛋，就是偷未来能参加比赛的优质品种的鸡。

鸡崽
    鸡崽刚出生时只有一层轻软乳毛。

雏鸡
    到雏鸡阶段时还不用太在意是公鸡还是母鸡。这时鸡的重量大约在600克，主要吃谷物。肉质很嫩，但烹饪中很容易干紧。

又长大了些，成熟了……

有品种出处的家鸡
    雏鸡成为成年鸡还需要很长时间，一般在300天左右。成年鸡的重量在2—3千克。肉的口感取决于品种，但可以保证口味相当好。

工业化养殖场产出的家鸡
    仅仅82天后家鸡就可以供人食用了。它的肉没有任何味道，还有不良商贩会往肉里注水增加重量。

继续生长的话，
家鸡的性别特征开始显现。

如果是一只母鸡

如果是一只公鸡

母鸡
    母鸡会生小鸡，且体重会超过2千克。随着年数增加母鸡的肉也越来越紧，但在烹调领域，它还是有用的。

育肥母鸡
    育肥母鸡是指至少喂养了120天，但无法繁育小鸡[1]的家鸡。如果超过这个期限，肉质会更好。育肥母鸡的重量是1.8千克到2.5千克，可以大胆地说这是十分出色的食材。

种公鸡
    从生育角度上看，种公鸡还是很活跃的，能把养殖场搅得天昏地暗。它的重量是2.5千克到4千克，肉质比较硬，需要烹饪很长时间才好吃。

处公鸡
    虽然是公鸡，但养鸡户们不会让处公鸡与任何母鸡和小母鸡们接触。它的重量是2.5千克到4千克。处公鸡很少见，但绝对好吃。

肉鸡
    养殖户小心地把肉鸡阉割后，它会失去鸡冠，重量在2.5千克到4千克。肉质稍油腻，但这是最好看、最漂亮、最富有鸡汁的鸡肉，是一种出色的食物。

---

1   译者注：无法繁育小鸡，具体指家鸡被割去卵巢催肥。

饲料与鸡肉品质的关系

人们很少能想到，
某个季节的家鸡要比别的季节的好吃，
这与它能找到什么食物是有密切关联的。

家鸡是杂食动物，换言之正常情况下它什么都吃，且食物质量对它的肉质有重要影响。根据大自然给它提供的不同食物，它的肉味也或多或少有所不同。所以7月份宰杀的鸡和圣诞节的鸡味道吃起来还是不同的。

一个月大的时候，家鸡就开始在田园里找食吃了。根据不同的品种，养鸡户们宰杀鸡的时间也不一样。农户家鸡至少在81天后才被宰杀，那些古老品种的家鸡则可以等到300天以后。

| 麦子 | 玉米 | 小黑麦 | 苕子 | 蚕豆 | 土鳖 | 幼虫 | 蜈蚣 | 蚯蚓 |

冬季

土地被冻住，没有草，地下生物活动也被减少到最低。冬季出生的家鸡即便在田里也找不到什么吃的。

鸡肉品质

农户家鸡：8月、9月、10月的鸡肉都非常棒；

古老品种的家鸡：11月、12月、1月的肉质出色。

春季

蚯蚓开始活动，松动了土壤，幼虫和昆虫们在草里跳跃活动。这都是家鸡在春季极好的食物，它们在田里活蹦乱跳地挑拣吃食，肌肉也得到活动变得饱满，因此能提供非常高品质的鸡肉。

鸡肉品质

农户家鸡：从11月、12月到1月，肉质普通；

古老品种的家鸡：肉质非常棒，特别是2月、3月和4月的鸡肉。

夏季

土壤变得干旱，没有多少幼虫。蚯蚓也藏入深处躲避干旱和炎热的气候。这个季节出生的家鸡的吃食质量很一般，它们也很少运动。

鸡肉品质

农户家鸡：2月、3月、4月的鸡肉都非常不错；

古老品种的家鸡：5月、6月、7月的肉质非常出色。

秋季

天气不再那么炎热，秋雨使土壤又开始变得潮湿，蚯蚓又冒出来松动土壤，还有些虫卵孵化成幼虫，昆虫们在这个潮湿季节还是很活跃的。那些秋季出生的家鸡又跟小疯子一样在田里找新鲜食物了。

鸡肉品质

农户家鸡：5月、6月、7月的肉质都稍显平常；

古老品种的家鸡：8月、9月、10月的肉质都非常棒。

家鸡的生理结构

家鸡是体态挺拔的动物，
绝对不能认为家鸡只有鸡胸肉和鸡腿。

家鸡的站姿形态

想问一下，您知道家鸡的羽毛是分外羽和绒羽的吗？知道它的脚上带有跟恐龙一样的鳞片吗？

我们来具体看看这种出色的家禽。

"当母鸡也有了牙的时候"（Quand Les Poules Auront Des Dents）[1]

这是一句法国谚语，实际上家禽是没有牙的，它们都直接吞下食物。但大自然的造物主还是公平的，使它们找到了很好的消化问题的解决方案。家鸡的消化体系真是套完整的"机械设备"。

食物首先都积累在嗉囊中，在这里与唾液混合软化，然后下沉到腺胃与胃液再混合，最后抵达肌胃（鸡胗），在这里进行消化。在吞下食物的时候，家鸡也通常会吞下小石块等，小石块最后到达肌胃里面，也正是这些小石块磨碎谷物、小昆虫或幼虫等才能让肌体吸收。随后消化后的食物会到肠胃，营养物质被吸收，其他的成为鸡粪，被泄殖腔排出。

整鸡的切法

整鸡的切法没什么特别难的，只要遵守肌肉部位的基本规律就好。

1　译者注：当母鸡也有了牙的时候（Quand Les Poules Auront Des Dents），法国谚语，意思是即便以后也不会实现。

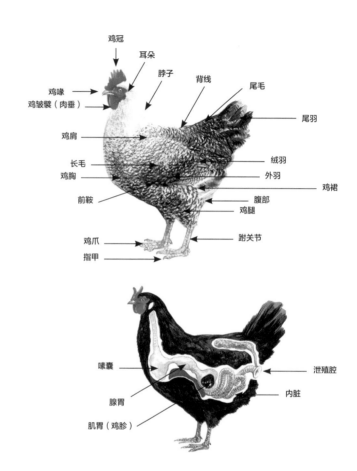

鸡冠
耳朵
脖子
背线
尾毛
鸡喙
鸡皱襞（肉垂）
尾羽
鸡肩
长毛
鸡胸
前鞍
绒羽
外羽
鸡裙
腹部
鸡腿
跗关节
鸡爪
指甲

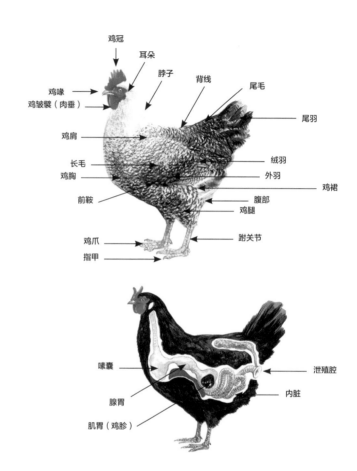

嗉囊
腺胃
肌胃（鸡胗）
泄殖腔
内脏

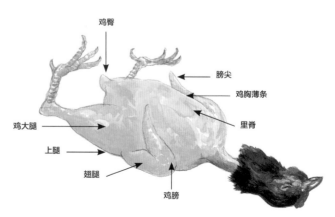

鸡臀
膀尖
鸡胸薄条
里脊
鸡大腿
上腿
翅腿
鸡膀

鸡肉的处理方式

在肉店或超市，
家鸡会以不同形式出售。

在市场上不仅能找到已切块或已整块烘烤的鸡，也能找到整鸡、去肠鸡和净鸡三种处理类型的鸡。市场上曾以活鸡或未褪毛鸡为主，直到现在很多禽类肉店也仅仅在卖出整鸡时才会将鸡的消化系统清理掉，只给客人留下鸡心、鸡肝及鸡胗。专门卖禽肉的肉店已经少之又少了，因为在超市肉类柜台或者普通肉店，都会有家鸡出售。

整鸡：去毛，放血，但没清理消化系统。

去肠鸡（Effilé）：去毛，放血，消化系统被清理干净，仅留鸡心、鸡肝及鸡胗。

净鸡（PAC）：去毛，放血，消化系统被清理干净，不留鸡心、鸡肝及鸡胗。

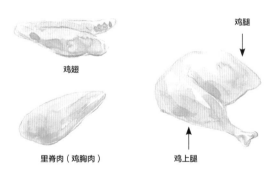

鸡翅

里脊肉（鸡胸肉）

鸡腿

鸡上腿

切块鸡：切块卖，可生可熟。分为鸡翅（Aile）、里脊肉（鸡胸肉，Filet）、鸡腿（Cuisse）和鸡上腿等。

> "**在肉店里看见的鸡，都是将鸡胸向上放置的。但在还未宰杀时，鸡胸是朝下的。**"

禽肉及其他畜肉的部位介绍

禽肉切割后的部位种类相对比较简单，
主要是腿、翅和胸肉等。
但您知道鸡蚝肉、皮夹肉和大小姐骨吗？

鸡胸薄条 L'aiguillette

这块肉共有两条，比较长且很细腻。只有撕开整块鸡肉才能看到这两块贴服在鸡胸口软骨附近的胸肉，非常好吃。

鸡翅 L'aile

鸡翅分成三段：翅腿、中膀（中翅）和膀尖。可以去骨后做肉馅。

脖子 Le Cou

鸭脖和鹅脖去骨后可做馅，鸡脖子有不少长肉丝很好吃，但肉店经常切下自己留着不出售。

禽类的臀部 Le Croupion

臀部基本由油脂构成。有些人很喜欢吃禽类的屁股，对他们来讲，这是个非常好吃的部位。

腿 La Cuisse

腿跟翅膀一样，也由几部分组成，相互之间的味道和质感都不同。

大小姐骨（或大教堂）La Demoiselle（Ou La Cathédrale）

大小姐骨说白了就是生的去肉后的整鸭架（大小姐骨）或整鹅架（大教堂）。

里脊 / 胸肉 Le Filet（Ou Le Blanc）

里脊指的是禽类的胸肉，所以通常是最瘦的一块。在烹饪时要特别注意火候，胸肉熟得非常快。

若是兔肉则是去皮后卸下后腿，挂在胸腔上的肉。

翅尖 Le Fouet（Ou Pointe）

翅尖在翅膀最外端的部位，可以说没任何意义。一般在肉店里已经被切除了，基本没肉。

腿肉 La Gigolette

腿肉指上腿肉和腿中段去骨后的部分。

若是兔肉，还会把腹腔骨摘除。腿肉一般用来做肉馅。

脆皮肉 Les Gratons（De Canard Ou D'oie）

脆皮肉就是鸭和鹅脂肪榨油后，剩余的一点连皮肉，很香脆。

上腿肉 Le Haut De Cuisse

这是禽类身上最好吃的一部分，也是肉汁最多的一部分。据说从前是进贡给王室贵族们吃的部位。

鸡蚝肉 L'huître De Poulet

鸡蚝肉也称为"谁蠢才留"，圆形、细嫩又多汁。它的位置在骨架靠下临近腿骨的地方，是两个小肉块。

翅腿 Le Manchon（Ou La Blanquette）

翅腿在禽类翅膀中最靠近身体的部分，也是肉最结实的部分，可以将这整块从骨架上分开形成完整的翅膀。

中翅 La Médiane

中翅是翅膀中最好吃的部分，很有味道。当孩子们用手抓着它吃的时候，可以看到他们脸上的幸福。

皮夹肉 / 皮外套 Le Paletot（Ou Veste Ou Manteau）

皮夹肉就是将骨头、骨架包括翅骨等全剔除，保留完整的禽肉时的名称。因为带着翅肉和腿肉好像是件皮外套，所以才有这个名字。

掌 / 爪 La Patte

不同禽类品种会有4个到5个脚趾不等，鸭掌和鸡爪等主要是亚洲人在食用。

大腿 Le Pilon

这是禽类腿靠下的部分，带着不少肌肉，因为经常动，往往比较硬一些，还带着些筋。

兔背脊肉 Le Râble（De Lapin）

兔背脊肉在兔子四肢中间的位置，烤箱烘烤或者去骨后加馅烤着吃都很好，是兔子肉中比较珍贵的部位。

哇!

谁蠢才留 Le Sot-l'y-Laisse

按通常的说法其实应该叫鸡蚝肉，真的是块特别小的肌肉，平时容易被忽略掉。呈细长条形，有点油腻，但很好吃。

至尊肉 Le Suprême

当胸肉与小里脊和翅腿一起被切割出来时，我们称为至尊肉。翅腿中的那块骨头给这块肉带来不少味道。

" 鸭胸肉多数是从增肥做肥肝的鸭子身上取下的。同样的部位，从没有增肥过的鸭子上取下来叫里脊肉。"

不为人知的部位

翅膀

在中翅上，两根骨头中间有一长条小肉，绝对好吃，柔嫩又多汁，不幸的是肉块比较小。

腿肉上

上腿部分与胸腹腔连接处，有一块肌肉，又厚又宽，非常细嫩且多汁。

骨架上的肉

整块肉从骨架上摘走后还会有很多小肌肉在架子上，通常是很好吃的肉，不过得用手指撕下来。

真正的"谁蠢才留"
不是人们认定的那块

"谁蠢才留"是块特别柔嫩的肉，位置在背部。
这么叫的原因是只有蠢人才会把这块肉忘在骨架上，
但一般人认为的"谁蠢才留"与实际上的部位又不同，我来解释一下······

看过《达·芬奇密码》吗？

事实上，人们经常弄错这块肉的具体位置。原因也很简单，因为字典里对它的描述就是错的，而且错了很多年。

原始定义

1789年《法兰西学院词典》中，第一次出现这个词的描述：

"我们称禽类臀部上方一块很细腻的肉为谁蠢才留。"

现今定义

慢慢地这个最初的定义开始转变，于是现今为：

"禽类臀部上方骨架两侧各有一块，是肉质非常细腻的肉，因为不太明显才会被不知道的人遗忘。"

其他的定义都将这块肉与禽类臀部联系起来，虽然的确在背部骨架上，但是在另外一个位置。

其实很难理解人们竟会忘记骨架上脊椎两侧那两小块圆圆的肉，因为很圆很容易看到。

真正的位置在哪里呢？

能让人容易忽略的话，这些肉块肯定是很小，基本看不到的吧！在禽类臀部周边还有什么又小又不容易看到的肉呢？

还有一块很柔嫩，又有点油腻但好吃的肉，经常被表面的脆皮覆盖，在脊椎尾部夹缝中。

通常被称为"谁蠢才留"的部位应该叫什么呢？

通常被称作"谁蠢才留"的两块肉，无论是形状还是细嫩程度都很符合这个新的称呼——鸡蚝肉。后来有些字典开始修改它们的相关定义了，但仍不是全部的字典。

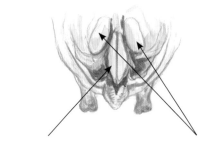

真正的"谁蠢才留"在这里。

假的"谁蠢才留"或新称呼——
鸡蚝肉在这里。

是吃鹅肥肝还是鸭肥肝？

关于肥肝，有些思想顽固的人只吃鸭肥肝或只吃鹅肥肝，
不仅一成不变而且善于狡辩。

从古至今都有的人工增肥方式

公元前4500年，古埃及人很喜欢抓那些准备迁徙的野鹅，因为他们发现，这些临近迁徙时的野物的味道是一年中最好的。事实上，野鹅们在临近迁徙前会吃大量东西增肥，来为长途飞行做准备。古埃及人明白这点后开始人工喂养鹅使其迅速增肥。

另外一种增肥方法

肥肝的品质取决于品种和饲养环境的卫生状况。增肥期一般10多天，主要是喂玉米。

养殖户现在找到了新的增肥方法，每次提供给鸭或鹅的饲料量很少，但喂养次数更多，于是这些胃口超大嘴又馋的家禽会蜂拥地抢食，增肥则是完全自然的事情。这样产出的肝不是特别肥，但能提供给每个人不同的选择。

制作肥肝的主要品种

鹅的品种以朗德地区的灰鹅和图卢兹鹅为主，而鸭肥肝的明星品种是骡鸭，是来自巴贝利鸭（Barbarie）、鲁昂鸭或北京填鸭的杂交品种。

鹅肥肝和鸭肥肝有区别吗？

鹅肥肝体积比较大。它的质地也更为紧凑，生的时候是漂亮的桃红色，而烹饪后会变成灰白色。口感细腻，余味悠长。

鸭肥肝更细嫩，生的时候是偏橙的米色。香气更为直接、强烈，释放得快，同时在烹饪中体积会变小。

肥肝的品质

在市场上会找到品质不同的肥肝。
整肥肝：一块完整的肝带着完整的叶片；
肥肝：是由肥肝叶片拼凑出来的；
肥肝块：组合出来的，里面包括许多肥肝块。

" '要给肥肝去筋。' 这是会经常听到的一句话，但不是事实。实际上，肝里没有一根筋，只有血管，所以应该说去血管。"

杂碎

在人类能够完全掌握火以及知道如何做肉之前，
动物杂碎是史前人类最喜欢的食物，因其比生肉要柔软。
直至今日，在全球各地仍有不少杂碎爱好者。

杂碎一般被分为两类：白色的和红色的。白杂碎是指经过热水泡或是烹饪后，颜色变成象牙白的杂碎。红杂碎一般摆在肉店或柜台上，还是生的，除了排血排油以外没做任何加工处理。总的来说，人们认为小牛的杂碎是最为细嫩的。

哇! **牛 / 小牛脊髓**Les Amourettes Bœuf, Veau

这是动物脊髓中靠前的脊髓，非常好吃，烹饪时与做牛脑一样，需要小心。

牛 / 小牛的反刍胃（蜂巢胃）Le Bonnet Bœuf, Veau

这部分是牛存储反刍饲料的位置。反刍胃的胃壁像蜂巢一样，在里昂附近美食中有道名为"镶牛肚"[1]的菜就是用它做的。

猪软管Les Boyaux Porc

猪软管多用来做肉肠或血肠的肠衣。

牛 / 小牛真胃La Caillette Bœuf, Veau

真胃也被称为皱胃，是牛4个胃中的最后一个，胃壁光滑，颜色较深。这里会分泌胃蛋白酶和凝乳酶等，特别是凝乳酶，可以固化奶水。因此人们多从小牛真胃里取出凝乳酶，用来做奶酪。

哇! **牛 / 小牛 / 羊 / 猪脑La Cervelle Bœuf, Veau, Agneau, Cochon**

羔羊脑是最细腻的，也是最好吃的，入口即化。可以先用水煮一下，然后用黄油煎或炸。

牛 / 小牛 / 羊 / 猪 / 禽类心Le Cœur Bœuf, Veau, Agneau, Cochon, Volaille

羔羊心经常与肝一起出售。牛心和猪心比较硬，味道也比较大。小牛心、羔羊心和鸡心都很好吃，比较细腻。

猪肚L'estomac Cochon

猪肚主要用来做大小安肚野肥肠（Andouilles/Andouillettes）[2]。

牛 / 小牛百叶胃Le Feuillet Bœuf, Veau

草料谷物等在这里被胃叶搅碎，所以被称为百叶。

牛 / 小牛 / 羊 / 猪 / 禽类肝Le Foie Bœuf, Veau, Agneau, Cochon, Volaille

小牛肝最为细腻，但羊肝、禽类的肝还有兔子肝也都很好吃。

小牛肠系膜La Fraise De Veau Veau

这是围绕内脏系统的膜，一般以熟食形式出售，可以冷食或加热后食用，甚至可以炸了吃。

禽类肌胃Le Gésier Volaille

这是禽类胃部中肌肉最为结实的部分，其功能是磨碎食物，比如鸡胗。做成冷盘沙拉会很好吃。

牛 / 禽类脂肪La Graisse Bœuf, Volaille

在比利时，人们用牛脂肪熬油来炸薯条，给薯条带来特殊的香味，非常好吃。鹅油或鸭油则在烹饪土豆或煎芦笋时添加，味道都很好。

牛 / 小牛肚Le Gras Double Bœuf, Veau

这部分一点都不油腻，经常以半成品形式出售，可以炒菜、煎、烧烤，或是切丝作为意大利米兰汤的原料之一食用。

牛 / 小牛 / 猪斜腹肌La Hampe Bœuf, Veau, Cochon

牛的斜腹肌非常好吃，小牛的斜腹肌更为细腻，猪的斜腹肌也很好，但都很难找到。

牛 / 小牛 / 羊 / 猪脸肉La Joue Bœuf, Veau, Agneau, Cochon

脸肉通常是块瘦肉，可长时间烹饪，比如做法式炖肉火锅或者做肉糜。

1　译者注：镶牛肚（又叫"工兵围裙"，Tablier De Sapeur），这道菜要把牛肚在白葡萄酒里腌渍一整夜之后再煎熟。牛肚也可以滚上面包屑再煎。

2　译者注：大小安肚野肥肠（Andouilles/Andouillettes），是将大肠、肚等切成半碎状，接着与洋葱、蒜等香料拌好后塞入肠衣。可以水煮或烧烤后食用，法国各地均可见。

牛/小牛/羊/猪舌La Langue Bœuf, Veau, Agneau, Cochon

在这几种舌里，小牛的舌是最棒的，质地很细嫩。可以买到生的或是熟的，生吃、熟食都可。

哇！ 牛/小牛骨髓La Moelle Bœuf, Veau

骨髓有非常棒的脂肪，曾经有用牛骨髓做的糕点。

牛/小牛/禽类肺Le Mou Bœuf, Veau, Volaille

这部分难吃到无法下咽，但猫很爱吃。

小牛/猪鼻Le Museau Veau, Cochon

鼻一般与嘴一起卖，可以整只做好摆上桌或是切薄片食用。

牛/小牛/羔羊/猪膈柱肌肉L'onglet Bœuf, Veau, Cochon, Agneau

膈柱肌肉在斜腹肌下面，是两块被弹性膜连接的小肌肉。牛的这块肉很好吃，特别是小牛和猪的。

哇！ 猪耳朵Les Oreilles Cochon

猪耳朵煮或者烧烤后吃起来很美味，但这是针对那些喜欢吃软骨的人来讲的。

牛/小牛反刍胃La Panse Bœuf, Veau

反刍胃是反刍类动物胃部的重要部分，外表有突起，但内壁光滑。包括瘤胃、网胃（又称蜂巢胃、麻肚）、瓣胃（百叶）。

小牛胃La Pansette Veau

牛胃经常会与蹄和肚等一起烹饪。

哇！ 小牛/羔羊/猪/禽类蹄或爪Les Pieds Veau, Agneau, Cochon, Volaille, Agneau

猪蹄煮熟或烧烤后味道非常好，小牛蹄则一般是靠炖或煮来发挥它的胶质特点，或煮出胶质做肉冻，而用羊蹄做的肉冻会非常好吃。

牛/小牛/猪尾La Queue Bœuf, Veau, Cochon

牛尾和小牛尾烹饪方法一样，适合用慢火长时间炖。猪尾经常与猪耳或猪蹄一起烹调食用。

哇！ 小牛胸腺Les Ris Veau, Agneau

小牛有两个胸腺：一个在牛心附近，是最为细腻的；另一个在牛的喉咙附近，一般用来做牛肉加工产品。这两个胸腺在小牛长大后便会消失。毋庸置疑，这是杂碎里最为珍贵的食材，也是最细腻的。烹饪时用水冲后用牛奶煮，然后进行下一道工序。

牛/小牛/羔羊/猪肾Les Rognons Bœuf, Veau, Agneau, Cochon

小母牛、小牛和羔羊的肾都非常柔嫩有味道，牛和猪的肾质地偏硬些，味道也较强烈。

牛/小牛/羔羊/猪头La Tête Bœuf, Veau, Agneau, Cochon

牛头一般是切块卖的，小牛头则会抽出下颚骨和鼻子中的骨头。一般去骨后捆绑销售，当然也会整个卖。猪头通常用来做猪头肉酱，羔羊头则会被摘除羊脑、羊舌和脸肉，剩下大骨头。

牛/小牛/羔羊内脏Les Tripes Bœuf, Veau, Agneau

这里的内脏主要指反刍动物的肠胃。

"您没看错，腹部肉、膈柱肌肉和脸肉这几块在前面的优质部位介绍中都曾讲过，也都属于杂碎类。所以在肉店或杂碎店都能买到。"

不为人知的部位

牛/羊睾丸

睾丸是公牛或公羊的生殖部位，质感有点类似胸腺。通常与肾的做法差不多，也可以切片裹面后炸。

禽类冠

鸡冠等禽类冠，现在没什么人会吃，当年极受国王们喜欢，但吃起来真没什么特别的。

牛乳头

小母牛或奶牛的乳头曾经是很受欢迎的菜肴，虽然现在没什么人吃了，但还是很嫩很美味的。

肉料理的
必备工具与烹饪妙招

刀具解析

一把好刀，就好像一口好锅，得保留一辈子（最好能永不磨损）。
拿把好刀，您可以切得轻松、切得漂亮，而且能将肉的精华提取出来。

刀的不同部位

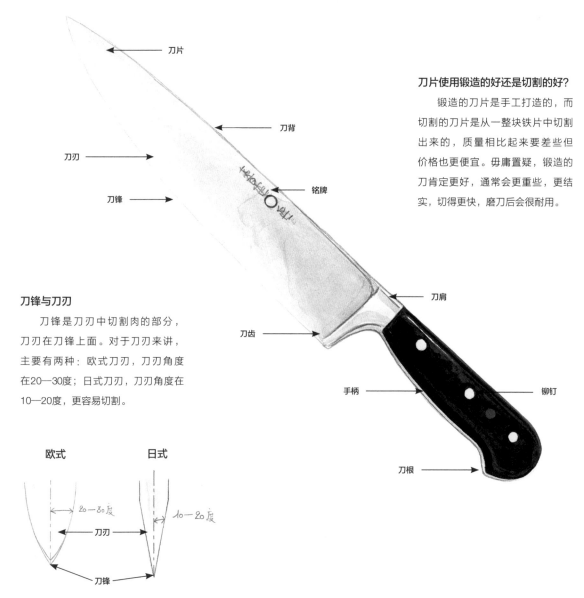

刀片使用锻造的好还是切割的好？

　　锻造的刀片是手工打造的，而切割的刀片是从一整块铁片中切割出来的，质量相比起来要差些但价格也更便宜。毋庸置疑，锻造的刀肯定更好，通常会更重些，更结实，切得更快，磨刀后会很耐用。

刀锋与刀刃

　　刀锋是刀刃中切割肉的部分，刀刃在刀锋上面。对于刀刃来讲，主要有两种：欧式刀刃，刀刃角度在20—30度；日式刀刃，刀刃角度在10—20度，更容易切割。

不可或缺的刀

主厨刀（厨师长刀）

简单地说，主厨刀是全能型刀，刀体较大。可以用来切烤肉片或眼肉排，抑或在案板上撮堆儿、压蒜等。总而言之，在厨房里如果只能有一把刀，肯定就选它了。

日本刀中的两兄弟

日式厨刀因其刀刃质量高，刀锋锋利而被大众认同。这不仅源于它们的祖先日式佩刀的影响，也是因为它们的设计非常精致。牛刀是专门为了切肉而设计的，特别是刀刃，修长且有轻微曲线。而三德刀的用途则更为广泛。

切片用刀

切脂刀

这把刀的理想用途就是切薄片，比如一块腿肉，生火腿或熟火腿。刀刃比厨师长刀要窄，切割可以更为精准，尤其是切长片肉。

厨刀（Le Chutoh）

这把日本刀的品质与牛刀和三德刀完全一致，但刀刃更长更薄，适合用来切肉。

屠夫用刀

剔肉刀

剔肉刀当然是剔肉最为理想的刀，主要用来去骨，当然也可以去蹄筋、去脂等。刀体较小，刀刃很硬。这是屠夫们最爱用的刀，尤其是在切比较复杂的肉块时。

切什么都行的刀

万用刀

跟主厨刀一样，这把刀也是任何场合都能用的，不仅仅是处理肉类，还可用于处理其他配料。

意料之外的剪刀

禽肉剪

剪刀还是非常实用的，不仅可以用来处理禽肉，当遇到比较难处理的肉块或带细骨的肉时，也可以使用。

主厨刀

刀刃长度在12厘米到30厘米。

牛刀

三德刀

刀刃长度在16厘米到24厘米。

切脂刀

刀刃长度在18厘米到30厘米。

厨刀

刀刃长度在16厘米到20厘米。

剔肉刀

刀刃长度在12厘米到18厘米。

万用刀

刀刃长度在10厘米到16厘米。

禽肉剪

总长度在22厘米到26厘米。

是选择主厨刀还是面包刀？

当然，一把刀的重点是切东西。
但是用什么刀以及怎么切会对肉的味道、
质感和咀嚼感产生重大影响。

主厨刀

厨房里最为常用的刀具。
一旦磨好，它可以切得非常准确，
肉块两端的刀切面非常光滑，没有任何不规则的形状，
且交换面非常小。

面包刀

跟主厨刀大不相同，
刀上的锯齿会"撕开"肉纤维。
肉块上的刀切面各处都不一致，
非常粗糙，且交换面很大。

"刀切面的状态对交换面的影响非常大，比如面包刀的刀切面不规则，于是造成交换面变大。"

结论

对于那些需要煎制的肉来讲，主厨刀应该是最好的选择。
但对于那些耗时长的烹饪方式，比如炖或煮，
或是制作有各种汤汁的菜肴，面包刀会更合适。

实际操作中该如何选择呢?

平底锅:面包刀最佳

使用平底锅时,一块带脂肪的肉如果用面包刀切,肉会有更大面积接触锅底,于是通过麦拉德反应[1]散出更多的香气。

煮锅:面包刀最佳

使用煮锅时交换面积更大,肉不仅会在汤里释放出更多滋味,更会吸收锅里香料的香气,比如制作法式炖肉火锅或白汁炖小牛肉。

整块烘烤:面包刀最佳

用面包刀切后的肉块每个刀切面都会凹凸不平,于是在烘烤过程中,肉汁会积存在这些凹陷部位中,使肉依然多汁。而用主厨刀切割后肉的刀切面会非常光滑,肉汁是挂不住的。

煎锅:主厨刀最佳

若是用煎锅,情况则恰好相反。由于主厨刀刀切面非常光滑,会最高效地使用交换面,即刀切面与锅底接触的面积,使其煎制后更为金黄。

浇汁肉菜:面包刀最佳

面包刀的锯齿刀锋会在肉上切出很多凸凹,方便调配汁更好地吸附,每一口肉都比主厨刀切的肉更有滋味。

切块和咀嚼:要看烹饪方法和具体肉块

对于那些细嫩的肉块,切块时最好用主厨刀,纤维会切得更干净,咀嚼起来口感会更好。但如果是一块很硬的肉,经过几个小时的慢火炖煮,也会很软很容易咀嚼,跟用哪种刀切割关系不是很大。

---

1 译者注:麦拉德反应,指的是食物中的羰基化合物(还原糖类)与氨基酸化合物(氨基酸和蛋白质)在常温或加热时发生的一系列复杂反应,其结果是生成了棕黑色的大分子物质类黑精(或称拟黑素)。

用好工具才能切得好

现在我们知道厨房用刀的区别了，
再来看看用什么材料制作的厨房用刀更好，以及如何选切菜板。

制作刀具的不同材料

不锈钢

不锈钢刀的特点是不会生锈，同时不需要太多的打理。但是不锈钢材料中氧化铬的含量会直接影响刀刃的硬度，不如碳钢刀锋利。

碳钢

碳钢刀里碳素含量越高，刀刃越硬，也越锋利，但也会越脆弱。钢会生锈，比不锈钢刀需要更多的护理。

大马士钢

大马士钢刀其实是将几层不同的钢材料压在一起制作而成，像千层饼一样，这样可以对不同的钢材料取长补短，突出优势，以便根据客户的要求打造出极其锋利的刀具。那些走高端路线，价格动辄几千欧元一把的刀具，甚至是用300层钢锻压在一起制造而成的。

陶瓷

陶瓷刀比钢刀更结实，在切块时很锋利实用，但禁不起弯曲，所以不能作为剔骨刀使用。

钛钢

钛钢刀与陶瓷刀一样锋利，但更柔软些，最大的特点是重量轻。

钢的硬度

钢越硬，刀刃越硬，刀锋越锋利，但是也更脆弱。反之，钢越软，刀锋越不够锋利，需要更多时间来磨刀。

> "钢的硬度分级测量方式HR（洛氏硬度）[1]可以测量的餐刀的范围比较广泛，从52HRC相对比较软的钢，一直到66HRC非常坚硬的钢都可以。"

保养一把好刀

一把高品质的刀不能用洗碗机来清洁，用过后必须尽快用水清洗干净，然后用软布擦干。如果条件不允许，必须用洗碗机的话，请将刀放到洗碗机水杯架上，刀刃平放，且不要在上面压任何物件。

虽然从外表看这些用刀是很结实的，事实上它们还是很脆弱的，它们不能与别的硬物件碰撞，特别是其他的金属物件，以免损坏刀锋。

1　译者注：HR（洛氏硬度），由洛克威尔（S. P. Rockwell）在1921年提出来的学术概念，是使用洛氏硬度计所测定的金属材料的硬度值。

> **"无论您选择什么材料，切菜板上一定要有个槽，能将切肉时流出的肉汁收集起来。"**

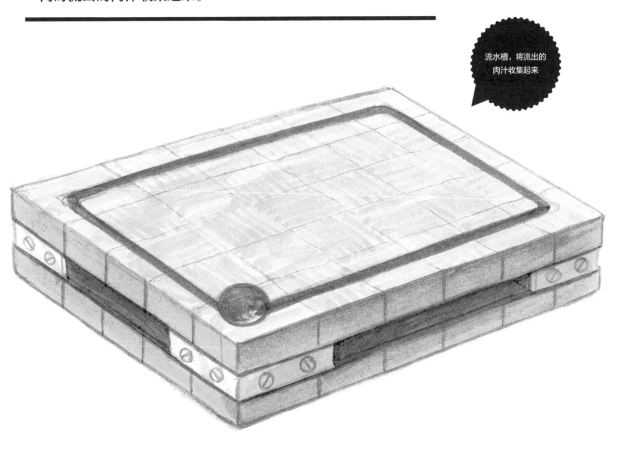

流水槽，将流出的肉汁收集起来

用什么样的切菜板?

选择了这么棒的刀具，就千万别再用玻璃或石板做的切菜板了吧，否则会毁了刀锋的。应该使用硬度稍低的切菜板。

木制切菜板!

可能有人会说，这些木制切菜板不太卫生。长久以来，人们一直是这样认为的，但事实却并非如此。

建议选择竹木做的切菜板，这是最好的材料了，它同时具有这几项优势：卫生、硬度适中、结实、防水又能保护厨房用刀的刀锋。

但也可以用山毛榉、橡木或欧洲千金榆做切菜板。

买了块好肉，该用什么炊具烹饪呢？

我的岳母做肉时不太计较使用的炊具。
她人很好，但谁能帮我跟她解释一下如何用炊具呢？

用平底锅做牛排

火力的强度

这是做牛排时影响最大的因素，火力大的时候，整个平底锅会很烫，因此可以在很完美的条件下煎制牛排。

平底锅的材料

使用什么材料制作锅不仅关系到锅的受热，也会对烹饪后牛排的汁水含量有影响。而牛排的肉汁，是很美味的。有的材料在烹饪中会更容易让牛排产生肉汁，所以牛排会更好吃。

慢 >>>>> 不同材料制作的平底锅在烹饪时的汁水产生能力 >>>>> 旺

防粘材料

这种防粘平底锅几乎可以被忽略，因为它们不但不会将肉煎出金黄色泽，同时也无助于肉汁的产生。

铸铁

铸铁材料有助于香味的产生，但需要很长时间来预热才能达到理想的使用温度。因此也要注意它的惯性，就是锅会同样凉得比较慢。

不锈钢

不锈钢锅可以使肉产生很多肉汁，同时升温快，是煎牛排的好材料。

铁

铁锅可以产生很多肉汁，升温和降温都很快，总而言之，这是顶级之选。

用来炖或煮的锅

在这种烹饪方式下，炊具的材料的选择更为重要，甚至起到决定性作用，可以直接改变您的准备工作的质量。当我们做法式炖肉火锅时，将肉放置在水里（或汤里）。水在加热后会促使肉变熟，那炊具的不同材料会在烹饪时产生怎样不同的影响呢？

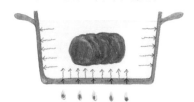

最佳选择

铁的导热性不好，炖锅容易受热不均匀。 炖锅的周边不会受到火苗的加热，而是被锅里的水加热，而水是通过锅底与火的接触升温的。因此锅中的肉容易出现烹饪程度不均匀，周边的肉熟得较慢的现象。

铸铁锅导热比较均匀， 它吸收热量后会均匀地散发到整个锅体，火苗带来的热量因此被传到四周。锅内不仅是底部接触火苗的部分，包括四壁的水都能得到直接加热，烹饪过程受热很均匀。这是炖或煮时炊具的最佳选择。

烤箱内使用的烤盘

烤盘也容易受材料的制约，有的材料可以均匀传导热量使肉块上下层都同时烤熟，减少烹饪时间，而有的材料因传导热量不均，同一时间内仅能将底部的肉烤熟。因此，需要根据肉块大小和烘烤时间来选择烤盘。

材料	烹饪要求	优点	缺点
陶瓷 	将肉平稳地按照烤箱内温度烘烤。	陶瓷会很好地吸收热量，然后慢慢地释放。这是慢烤的理想选择。	小心黑色的陶瓷烤盘，它们会吸收和释放出更多的热量。烤箱温度低于160℃时，释出的汁水会很少。
玻璃 	肉会慢慢烤熟，且会烤出金黄色泽。	因为玻璃是透明的，所以不会阻挡光热，能将肉块底部烤得金黄。	要注意烤箱温度，不能过高，防止将肉汁烤干。
铸铁 	使用铸铁烤盘时，肉块的高度必须与烤盘高度保持一致，这样上方的肉才会慢慢烤熟。下方的肉则会熟得稍快一些，整个肉块会烤出金黄色泽。	铸铁会吸收烤箱内的热量并均匀释放，形成内部非常柔和的热度环境。这样的环境会使肉产生大量肉汁，烘烤程度也非常均匀。	是顶级的烤盘材料
铁和不锈钢 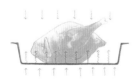	高度高于烤盘的部分会在烤箱内慢慢变熟，下面的肉会熟得比较快，因为铁和不锈钢材料会大量吸收烤箱内的热量，并猛烈释放出来。	非常适合快速烹饪，肉与金属的接触部分会很快变得金黄，但上部会熟得比较慢。无论是铁还是不锈钢材料，都会产生很多肉汁。	如果长时间烹饪肉块，最好不要用这种材料的烤盘，因为肉块容易受热不均匀。
陶具 	陶具放入烤箱之前要用水浸湿。放入烤箱后，水会慢慢蒸发，在陶具内形成比较潮湿的热力。	由于在湿热环境下慢慢烤熟，肉块会很多汁。	小的缺陷是肉不会烤出金黄色泽。

炊具的大小

这是非常重要的一点，炊具太大或太小都会对肉质造成损失，
并对肉汁的产生及产出的量有很大影响。

在大平底锅里炒

一个比肉块还大很多的平底锅会带来更酥脆的肉和更多的肉汁。
但请别忘记，油要涂在肉上而不是倒入锅里。

大平底锅

肉只占据平底锅的一小部分，所以锅底能保证热量分散均匀。肉块周边也有空间，水分会很快蒸发并与肉面接触产生肉汁。因为水分蒸发快，所以肉会在平底锅温度达到200℃左右时成熟，且带着完美的金黄色泽。

小平底锅

因为肉占据了整个锅底，所以容易让锅底变凉，而且肉块周边没有空间让水分蒸发来形成肉汁。因为肉块中水分蒸发量较少，还停留在肉底部，所以肉实质上是靠水传热"煮"熟的，不会煎出金黄色泽。

在一个小煮锅里煮

为了使肉与肉汤的口味平衡，在煮锅里肉块周边不能有太大空间，
水的量应该刚好覆盖住肉块。如果煮的过程中水蒸发损耗多，要及时补水。

小煮锅

锅中的肉在水里散发香味，但因为水量不是很多，所以水中的肉香能很快达到饱和，肉便不会再释放香气了。这样的肉汤会更美味，因为水量比较小。这是一个平衡汤与肉的很好的方法，使两者都能有极好的味道。

大煮锅

锅中的肉在水里都浸泡得没味道了，而水中香气仍未达到饱和点。煮熟以后的肉汤也是平淡的，因为肉汁被大量的水稀释了。

一个比肉块大不了多少的炖锅会保证肉块熟得比较均匀，
而且肉块和锅底汤会更美味。

小炖锅

如果是小炖锅，用小火炖就可以了，这会让肉保持柔嫩多汁。水量不大，肉汁能在少量水中释放，锅底的汤汁会非常美味。所以小炖锅既能保证肉质柔嫩，还能有美味锅底汤汁。

大炖锅

因为锅大，所以使用的火力也大，有时会将肉块和蔬菜的一部分烧焦，产生焦煳味。也因为锅大，锅中水量多，汤被稀释后也就没味道了，最后还得通过收汁让汤提味。

"**最基础的东西不能忘**，即判断炊具大小是否合适的最简单的方法，就是将带包装的肉块先放入炊具中比较一下，这绝对不会出错。"

在烘烤整块肉前要保证烤盘上有多余的空间（但不能太大），
这也会使烹饪更为均衡，产生有质量有味道的肉汁。

小烤盘

小烤盘会让水分蒸发，与肉面接触产生肉汁。香料也会慢慢烤熟，带着特别的汁水。因为烤盘不大，菜汁也不容易被烤干，整块肉的上下部位会熟得非常均匀。

大烤盘

如果烤盘周边与整块肉之间有很大空间，肉汁和菜汁会很快蒸发，香料容易直接被烤干甚至烤焦，因为烤箱热度没有被肉吸收掉。同时，下面的肉块部位容易吸收烤焦的香料味道。因为温度高，油脂会在烤箱内四处喷溅。

温度与厨房温度计

如果想吃块带血的烤肉，结果做出了半干的，
这不是很让人生气吗？为了永远不再犯这样的错误，
或许需要一个或几个烹饪温度计。

所谓的"硬"肉

一般而言，所谓的"硬"肉就是肉中有很多胶原蛋白的肉，比如用于做法式炖肉火锅或者白汁炖肉的肉。为了让这些肉"软"下来，需要将胶原蛋白熔化，大概在温度达到68℃时才会生效。

事实上，这是非常有趣的过程。肉被加热后水分蒸发，胶原蛋白也开始熔化并转变成胶质。然后，胶质开始吸收大量水分。以法式炖肉火锅为例，肉被煮干失去水分后，开始大量吸收锅里的汤汁，重新变得柔嫩多汁，很神奇对吗？

❶ 肉被加热后水分蒸发，变干，同时肉中的胶原蛋白熔化。

❷ 在熔化过程中，胶原蛋白变成了胶质。

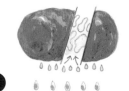

❸ 胶质吸收水分，加上肉纤维中原有的水分，肉变得柔嫩多汁。

必须保持肉质的柔嫩度

肉在烹饪过程中，如果还能保持恰到好处的柔嫩度就太美好了。可惜的是，大自然并不会让我们的生活如此容易！

为了让肉保持柔嫩多汁，某些蛋白质必须发生转变，否则它们会硬得像皮鞋底一样。

简单地说，肌凝蛋白必须转变（但牛肉除外），而肌动蛋白不要转变太多。每种肉上述两种蛋白的转变温度是不一样的，听起来有点复杂吧？

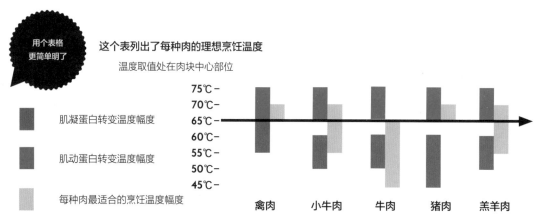

用个表格更简单明了

这个表列出了每种肉的理想烹饪温度

温度取值处在肉块中心部位

- 肌凝蛋白转变温度幅度
- 肌动蛋白转变温度幅度
- 每种肉最适合的烹饪温度幅度

禽肉　小牛肉　牛肉　猪肉　羔羊肉

不同烹饪程度的温度表

	生	带血	恰好	熟	很热
禽肉	—	—	65 ℃	70 ℃	75—80 ℃
小牛肉	—	55 ℃	62 ℃	70 ℃	75—80 ℃
牛肉	45 ℃	50 ℃	55 ℃	65 ℃	70—80 ℃
猪肉	—	—	65 ℃	70 ℃	70—80 ℃
羔羊肉	55 ℃	60 ℃	65 ℃	70 ℃	—

注: 如果肉食不是马上上桌, 需要等一下的话, 要在所有的温度值上减少3℃, 因为出锅／烤箱后, 肉块的温度仍会继续上升。

好的厨房温度计

探针式温度计

这种探针式温度计可以将探头插入肉块的核心部位, 甚至都不用打开烤箱, 在烤箱开始加热前将探头插入即可, 随后一旦温度达到要求就可以控制火候了。同样, 这个探针式温度计也适用于煮炖类的烹饪手法。其价格最低20欧元, 从价位上看, 真值得家里常备一个。一个整块烘烤的肉, 如果烤焦了, 可比购买一个探针温度计要浪费得多。

烤箱温度计

烤箱上带的温度计经常是不准的, 因为探头的位置是在烤箱四壁上而不是烤箱中间, 但人们放置烤盘的位置是烤箱中间处。烤箱中间的实际温度与温度计上的显示温度会有正／负20℃的误差, 这个小物件可以测试烤箱温度计的误差, 甚至可以纠正误差。

激光瞄准红外线温度计

这个温度计不能测量肉块里面的温度, 但可以测出表面温度。如果想在了解一个煎锅或者平底锅的温度后再放油或肉的话, 它会非常实用。

> "测温度可不能随便, 一定要测量肉块核心位置的温度, 这个核心是指肉块厚度和大小的核心位置。"

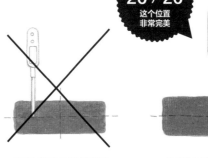

很好
20 / 20
这个位置
非常完美

这是在肉块厚度的核心位置,
但不是肉块大小的核心位置。

有的骨头会传热, 有的不会。
但无论是否有骨头,
都要把探头放在肉的核心位置。

盐与肉实际发生的反应

盐与肉类的历史很悠久了。
到处都能听到"做肉之前撒点盐"或"别在……前撒盐！"等。
接下来，咱们就看看怎样用盐吧，看看科学的、实际发生的盐与肉的反应。

盐是否会渗入肉里？

这才是我们该问的第一个问题。您曾经琢磨过这个问题吗？肯定没有，因为这个问题太显而易见了，所以都不用琢磨。

人们的常识是，一旦在肉上撒点盐，盐会渗透到肉里。但是……

在烹饪[1]过程中，盐的渗入量是可以忽略不计的。

不
不
不

如果在烹饪前撒点盐，会发生什么？

①

地球引力作用

您肯定知道地球引力作用吧！这地球引力对撒在肉上的盐也是有作用的，即盐在烹饪中会掉落在炊具里。但是怎样的量呢？这可是个很难以回答的问题。简单地说，人们根本不知道哪些盐会留在肉上，哪些会落在炊具里。

②

油脂

人们知道盐会在水中溶解，但不会在油脂中溶解。如果想用油或黄油把肉煎成金黄色的，油脂会包住一部分盐粒，这直接影响到盐与肉中水分的接触，致使盐不会被溶解。这是第二个问题。

③

四处乱溅

继续说油煎，在烹饪过程中肉的外表会缩紧，甩出一部分水分。在一个烤肉架或平底锅里，这个表现是非常暴力的。肉的水分转化成蒸汽，带着压力和油脂溅出来，这其中就带着一部分盐。换成烤肉，也有同样的现象。于是一部分撒在肉上的盐被喷溅出去，变没用了，而具体的量仍无法测量。这也是个问题。

④

在汤里吗？

此时，这个问题的性质变了。如果汤在放肉之前就已经加盐了，汤里的盐会减少肉汁从肉里排出，于是不会与汤混合过多。当然肉会很有味道。换成炖肉形式，如果在肉周边撒盐，结论是一样的。总之，盐不会渗入肉中。

结论

烹饪之前在肉上撒盐，是一个有点蠢的做法。

1　译者注：烹饪，此章节提到的多为法餐做肉的主要方式，即烤肉、煎肉等。

盐渗透的速度

如果想让盐在肉里渗透1厘米的话，仅仅1厘米，差不多需要······

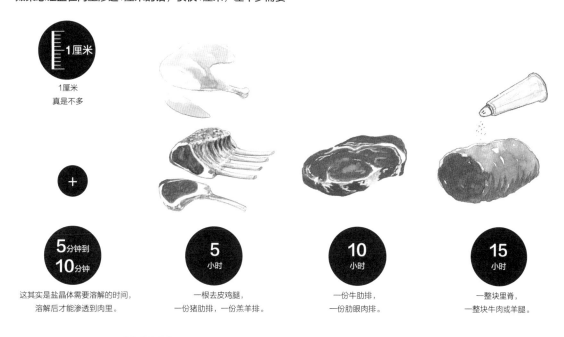

1厘米
真是不多

5分钟到10分钟
这其实是盐晶体需要溶解的时间，溶解后才能渗透到肉里。

5小时
一根去皮鸡腿，一份猪肋排，一份羔羊排。

10小时
一份牛肋排，一份肋眼肉排。

15小时
一整块里脊，一整块牛肉或羊腿。

> "在渗透进肉之前，盐需要溶解，而且盐溶解的时间比煎一块牛排的时间长多了。"

关于盐的真理和谬论

盐会加速肉里的水分流出？

没错，这是真的，有很多实验可以证明。不过这也得看是什么肉还有是哪块肉，比如禽肉和猪肉中的水分流出就很快，但对于小牛肉和牛肉，就相对较慢了。无论是什么肉，出水是要等很长时间的，快慢是相对的。

对！

盐是用来提味的？

这个说法已经流传很久了，但是错的。盐不会增加味道，但会改变味

错！

道。在很多情况下，盐比糖更能减轻一份菜肴的酸度或苦味。比如在一份有番茄汁、柚子汁或俗称苦白菜的比利时菊苣中。

肉会在渗出的水分中煮熟？

这也是能经常听到的说法："我不放盐，我指望肉渗出水将肉煮熟。"这仅仅是因为平底锅不够大或者不够热，所以肉中的水分没法变成蒸汽与肉面接触。于是肉里的水分被锁在肉下面了，它确实会煮开，会烫熟肉块，但与是否撒盐没什么关联。

错！

配料

盐的使用技巧

为什么要撒盐？

在烹饪过程中，蛋白质开始扭曲，排挤出水分。因此，如果想保持肉的柔嫩程度，最好是避免这些蛋白质扭曲排水。在这一点上，盐会起到不可磨灭的作用。

当盐渗入肉的深处时，它会改变蛋白质的结构。一旦受到盐的侵蚀，蛋白质便不那么容易扭曲了，所以也不会排出很多肉本身的水分。

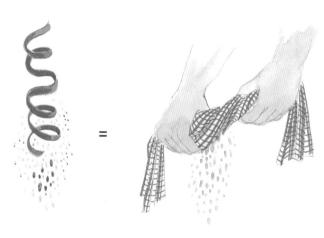

在烹饪中发生扭曲的蛋白质　　　　　　　　　拧抹布挤水

当您拧一块湿抹布的时候，水会被拧出。蛋白质也是一样，在热度的作用下，蛋白质开始扭曲，排出肉所包含的水分。

> **"好消息：从今以后您不会再像以前那样用盐了。"**

 到底怎样用盐？烹饪前，烹饪中还是烹饪后？

买块肉质出色的肉，这是我们能给出的用盐建议：

	3周前	2天前	4—5小时前
	很有意思	**棒极了！**	**非常好**
	一个保护壳会逐步形成，肉会脱水逐渐变硬，但腐化的风险降低。	盐会渗入肉中，外部会排出一些水分。在煎肉时会形成一个漂亮的外层，但失去的水分较少。	盐慢慢地渗入，肉块表面会排出些水分。肉会依然保持多汁，表皮很快形成。

> "做肉之前先撒盐腌制一下，这是星级厨师的料理窍门之一，只是他们一直不肯说出来……"

如何有效用盐？

烹饪前撒盐

烹饪前关键的一点，是离做肉之前很长时间就要开始用盐，比如两天前。

我知道，听了这种话都觉得是疯了。一定会质疑说，盐会将肉里的水分榨出来。这种想法不错，但是肉还会吸收水分，而且能在烹饪后相当长时间内保持柔嫩多汁。

了解经常会犯的错误就会避免犯错

如果先给肉涂上一层油然后再撒盐，这时的盐是没用的，因为油脂形成一层薄膜隔断了盐粒与肉中水分的接触。结果盐基本被浪费在炊具中，这多么令人遗憾。

烹饪后撒盐

烹饪后撒盐是最佳时刻，因为已经知道应该撒多少盐在做好的肉上。具体来说有两个时刻，即出锅时撒盐或上菜后撒盐。

出锅时撒盐：大部分盐会在这时候溶解，菜外表的咸味比较均匀。

上菜后撒盐：盐粒没有那么多时间溶解，于是咀嚼时或许会碰见些小盐粒，在牙齿下碎裂，刺激味蕾，真是一种顶级享受。

疯狂吧?!

1小时前	烹饪前	烹饪时	烹饪后
很好	**没用**	**没意义**	**也很好**
盐会慢慢在肉上溶解，轻微渗透到肉里面，渗透到的位置能保持多汁。	盐没有时间溶解，更没时间渗进肉里。大部分盐会掉入炊具或跟着油脂被喷溅出来，这是最坏的选择。	盐没时间吸湿也没时间溶解，此时的盐根本没有附着力，大部分会掉落在炊具上。	这时人们知道该撒多少盐，并且盐粒会刺激味蕾，其实真不是个坏方法。

不同的盐

请忘掉那种精盐吧，就是在超市商店都能找到的品种。
这是种毫无味道、没有特点的盐，
世界上还有很多盐带着不同的质感和令人惊讶的香味。
根据不同的菜谱和盐的特征，千万不要犹豫，请换一种盐来食用。

　　食用盐的主要成分是氯化钠，每种盐的差异在于除了氯化钠的元素特点以外，还有盐的晶体形状。下面请简单浏览一下食用盐的世界。

细海盐

　　这种盐来自海边盐场，是除了精盐以外在法国商店最为常见的食用盐。但比精盐更有味道，通常会添加在烹饪中的汤汁里。最好是选择那些不是精炼的盐（带点灰色），这样会享用更多海盐中的天然矿物质。

粗海盐

　　粗海盐跟细海盐类似，但更粗。一般是灰白的粗颗粒，因为在海盐场中靠近底部，会带着些黏土的颜色。口感略粗糙，但如果按照英式菜谱烹饪，某些料理中粗海盐会是绝佳搭配。

盐之花

　　盐之花是非常精细的晶体，在盐场某些特定条件下产出的一种倒金字塔形海盐，好像开花一样，异常轻盈，漂浮在盐场周边的隔离带。盐之花必须人工采集，香味根据产区不同也会不同。务必在烹饪后就餐时添加，这才能体现它的脆感。

洁食（Casher）盐（犹太盐）

　　这是种纯岩盐，没经过精化，颜色带有轻微的灰色，颗粒较粗。在欧洲相对少见，但在美国很常见。它的特点是比较难溶解，添加在菜肴中在咀嚼时嘴里会有碎开的脆感。很多美食爱好者都很喜欢这种盐，在烹饪快结束时加上是最好的。

喜马拉雅粉盐

　　这不是来自喜马拉雅山的盐，而是在巴基斯坦东北部生产，这个地区位于喜马拉雅山脉。粉盐的色彩来自盐中比较高的铁成分。这也是种岩盐，未经精化，口感很温和，没有碘味，细腻且带着脆的质感和一丝酸味。在食用菜肴时加入最好，只有这样才能表现它的品质。

波斯蓝盐

　　波斯蓝盐来自世界上最为古老的盐矿，位于伊朗（波斯是伊朗的古名）。这种蓝盐几百年来都是纯手工采取，之所以被称为蓝盐，是因为在盐晶体里含钾，所以会泛着蓝色的光。它的香味强烈，偏香料类型，蓝盐是搭配禽类和肥肝的最佳选择。

配料

夏威夷黑盐

黑盐的黑色源自一种灿岩，是夏威夷岛火山熔岩流到海边，遇见海水冷却后形成的。现在为了获得这种黑色，会在盐场里放几块这种火山岩。黑盐的口感强劲，带着一丝烟熏味。食用时要很小心，主要用于肥肝或颜色偏白的肉。

夏威夷红盐

这种红盐来自夏威夷群岛中的莫罗凯岛（Molokai），红色源自被当地人称为雅莱雅（Alaea）的火山黏土，这种黏土是在盐场晒盐的时候加入的。与其他少见的食用盐品种不同，您可以在烹饪过程中就加入红盐，因为它的榛子香味不那么容易挥发。

霞多丽（Chardonnay）熏盐

这是在美国加州太平洋海边收集的盐之花。常温时烟熏，随后放入曾经做过霞多丽白葡萄酒的橡木桶里。毫无疑问，这是熏盐中最为细腻的品种，可以品尝出橡木桶味、巴萨米克醋酸、橘柚酸（D'agrumes）等味道，当然也有烟熏的香气。适合在烹饪后使用。

莫尔登盐

莫尔登盐来自英格兰东部的莫尔登市。这种盐颜色非常白净，是通过蒸发海水释出的盐。盐晶体非常纯净、轻盈，易碎且脆，同时又带着碘味，很难溶解。这一切都使得它成为星级大厨喜爱的食用盐。

海伦莫恩（Halen Môn）盐

这种盐来自北威尔士安格尔西岛，它们的外形轻盈像雪花。生产过程比较特别，来自大西洋的海水要经多次过滤，滤掉煤炭、贝壳和一层沙子。在完全真空情况下海水被加热，然后倒入晶体成型箱，盐晶体在这里成型。

海伦莫恩白盐

非常洁白，脆又带着些动感，碘味重，形状像雪花一样。

海伦莫恩熏盐

用木材烟熏，口感上除与普通海伦莫恩盐相似外，还带着一层柔和的烟熏味。

大厨的窍门

埃尔维·提斯（Hervé This，物理化学家，分子料理的发明人）的一个秘密被法国名厨皮埃尔·加涅尔（Pierre Gagnaire）天天使用，他在烹饪时会用几滴橄榄油与盐混在一起。

这样在盐粒周边形成了一层优质保护膜，于是阻止了盐与肉的接触和溶解。在食用肉的时候，盐粒会在齿间绽裂，刺激味蕾。

"盐很好保存，但是要避开阳光和潮湿的空气！"

胡椒的使用技巧

很多人会在烧烤或者是整块烘烤前在肉上撒胡椒粉。
说实在的，这真的很好看，不是吗？好吧，我们还是看看这么做是否真有用吧。

胡椒粉真的会渗入肉里面吗？

跟盐一样，这个问题真的很让人头疼：胡椒真的会渗入肉里吗？

答案是不会，真的不会，一点都不会渗入！您可以继续疯狂地在肉上撒胡椒粉，但在烹饪过程中它们是无法渗入到肉里的。无论如何，它就是不入味。回想一下，刚才提到的盐况且需要几个小时才能渗入2—3毫米，所以根本不用想胡椒粉能否入味了。

 "**正如皮埃尔·加涅尔**（他可是同行们公认的世界最佳厨师）**所说：** '一定要在烹饪结束后再撒胡椒粉，一定要这样做，这是为了能保留住胡椒粉的香味。'"

即便如此，若我还是撒了胡椒粉，会有什么结果呢？

地球引力

跟盐一样，还是要考虑地球引力的作用。一部分撒在肉上的胡椒粉会落到炊具上，比如烧烤架、平底锅或烤盘。这真是挺让人头疼的，主要有两个原因：

首先，人们绝对不知道应该用多少胡椒粉才能保证尽管有掉落，但还是有一部分胡椒粉留在肉上。

其次，如果打算用肉汁做锅底的话，会出现已经撒了不少胡椒粉但不知道是否合适的情况。

烧焦了

做鱼、肉或菜时，如果火候没控制好，这些食材肯定会被烧焦。那么换成胡椒粉，如果失去食材的保护，胡椒粉很容易烧焦，而且会释放出刺激食道的又苦又辛辣的味道。胡椒粉是非常脆弱的佐料，在140℃时就会被烧焦，有点类似咖啡豆。

在汤里吗？

胡椒粉在汤里也没意义，埃斯库费（Escoffier）[1]大师曾经说，"胡椒粉在汤里的时间不能超过8分钟"，这种说法很有道理。胡椒粉会在液体里释放香味，但同时也会使液体变得发涩，所以应该在汤菜烹饪结束后再撒胡椒粉。

在过去，人们使用胡椒粉是认为它有杀菌的功效，并不是为了它能带来更好的口感。

结论

结论比盐的使用还明显，既然胡椒粉不入味，甚至会烧焦，或让汤变涩，那么一定要在烹饪后再撒胡椒粉，绝不要事先放入。

烹饪中将胡椒放到炊具里真不是在烘烤胡椒？

有些人会不慎烧煳胡椒，他们说在做肉的同时要像烘烤咖啡一样烘烤胡椒。如果有些人这样跟您说了，说明他们对烘烤一无所知。

当人们烘烤咖啡豆的时候，温度控制得非常精准，甚至会精确到1℃温差。有的咖啡品种是在140℃，也有在152℃或161℃下烘烤而成的。烘烤时的误差值在2℃左右，不会再多。如果超

过太多的话，咖啡豆会更苦。除了温度，烘烤时间也是以分钟计算的。

简单地说，在平底锅中煎的一块肉排，我们肯定不会精准到多少温度或几秒的油煎时间。千万别相信那些说他们在一边煎肉，一边烘烤胡椒的人，简直是胡说。事实上，他们在烧焦胡椒。

但是，胡椒树到底是什么样子的呢？

胡椒树是源自印度西南部的热带藤本植物。这些藤本植物生长依赖木桩，一般高度是两米。在印度，人们则直接将胡椒缠在活木上作为木桩。胡椒植物生长需要20℃至30℃的恒定温度。食用的是胡椒树的果实，是一串串围绕细枝生长的果粒。无论是绿色、黑色、白色或是红色都是同一果实，不过是成熟度不同才导致颜色不同。

绿胡椒

胡椒树的果实最初是绿色的，这时采摘的胡椒还非常嫩。通常能买到的是经过脱水，盐水浸泡，甚至冻干的胡椒。它的口味很清爽，有植物的味道，也不太辛辣。

黑胡椒

如果等树上的果实进一步成熟，胡椒就从绿色变为明黄色。采摘、晒干后它的硬皮会变成黑色。口味比较辛辣，带着木香，香味非常复杂。

白胡椒

如果让胡椒果实继续在树上成熟，它们的颜色会变成橙色。采收后在雨水中浸泡十天左右，随后晒干，再去皮，露出的胡椒果仁则是白色的。它比黑胡椒更香些，但不那么强烈。

红胡椒

遗留在树上的成熟胡椒最后会变成深红色。一般采摘后通过热水浸泡来固定颜色，随后晒干，这时人们会保留胡椒皮。

红胡椒比较少见，真的红胡椒香气热麻、饱满。

配料

不同品种的胡椒的用法

将市场售卖的胡椒粉直接忘掉吧！
我要讲的是些"神奇"的胡椒，那些有香气、有滋味的品种。
让人全身心感受，但不刺激，带来的口感饱满，回味悠长，能将人带去远方……

别再买现成的胡椒粉了，这东西里会有很多杂质，比如灰尘、腐烂的果实等。胡椒粉，就好像是用养殖场的速生鸡做的鸡肉。建议选择2种到3种自己喜欢的胡椒，然后在食用前磨成粉。所以赶紧看看我们下面要说的内容，这些品种的胡椒并不会比胡椒粉贵多少，它们都像手工酿造的葡萄酒一样，是通过人工采摘挑选获得的。

鸟粪（Oiseaux）白胡椒

在柬埔寨，鸟类会直接叼食胡椒树上成熟的果实。一旦果实进入鸟类的肌胃，胡椒的香味会被鸟类肌胃中释放出的消化酶改变。等胡椒果实的外壳被消化掉以后，鸟类会排泄出这些胡椒果核。随后需要人工捡拾清洗处理。整个工序需要很多人力，所以价格比较贵。鸟粪胡椒主要用于制作白肉，这样会比较出色。

贡布胡椒（IGP 产区地理保护）

2009年贡布胡椒成为第一个得到产区地理保护的胡椒品种。这种胡椒曾经濒临灭绝，主要原因是1975年当地决定大量种植粮食作物，比如稻米。经过最近20多年的抢救，贡布胡椒才重新回到人们的面前。这是一种种植在海边的胡椒，口味非常清爽，也非常优雅。

贡布黑胡椒

贡布黑胡椒是带着花香的胡椒，还有一丝甜味，强劲热辣，入口余味悠长。主要用来搭配红肉或羔羊肉。

贡布白胡椒

贡布白胡椒的植物气息明显，带有薄荷、桉树等树丛气息，还会有些烤花生的香气。用在白肉或调汁上的感觉美妙得令人不敢相信。

贡布红胡椒

贡布红胡椒在成熟期采摘，是个热感很强的胡椒品种，带着甜味，非常优雅，略微有些刺激性。用在肉酱肉糜、冷盘肉制品和肥肝上效果非常好。

磨胡椒也是有讲究的！

胡椒的香味香气集中在胡椒果实里，而略微刺激的辛辣是在胡椒皮上。

磨出来的胡椒粉越细腻，辛辣味道越容易释放，甚至覆盖了胡椒的香味。胡椒粉颗粒越粗，越能展示胡椒本身的特色。

为了能充分享受胡椒的香味特征，建议使用凹钵研磨或把胡椒罐的研磨颗粒度调整得更粗。

细颗粒：
辛辣刺激的味道被释放。

中等颗粒：
香味与辛辣刺激的味道混合。

粗颗粒：
香味被突出。

配料

马达加斯加野胡椒

这种野胡椒主要生长于马达加斯加南部，外形的特征是有个小尾巴。如果没有限制，胡椒藤甚至可以攀爬到20米高的大树上。这种胡椒抵达欧洲的时间不长，仅有几年，还是相对少见的，一定要整粒或砸碎后品鉴一下。

野黑胡椒

野黑胡椒有新土地的气息，带着树木的香气和橘柚类果香，还带着一丝辛辣，辛辣持久但不强烈。用在鸭肉、猪肉或羔羊等食材上非常出色。

野红胡椒

野红胡椒拥有与野黑胡椒一样的特点，但区别是更有热辣感。是猪肉和羔羊肉的最完美搭配。

长红（Long Rouge）胡椒

长红胡椒在亚洲几个国家都有种植，比如印度尼西亚和柬埔寨。但是日本石垣岛的长红胡椒是最令人惊讶的。它的外观是穗状，有可可、咖啡、黄油以及番茄干的香味。最好是将胡椒切碎、压碎或研磨后与猪肉、羔羊肉或禽类搭配，堪称完美。这类长胡椒是唯一一种可以浸泡在水中的胡椒。

马达加斯加黑胡椒

马达加斯加的黑胡椒源于20世纪初，由法国人埃米尔·普鲁多姆（Émile Prudhomme）带入岛上。黑胡椒的香味带着烘烤面包的香甜味和松子味，甚至也有可可果和蜂蜜面包香，稍微带些绿色果实的酸度。相对辛辣些，这种黑胡椒是搭配红肉和腌肉的理想香料。

马拉巴胡椒

马拉巴胡椒源自印度西南的马拉巴地区，在果阿和科摩林角之间。每年两次雨季给这种胡椒带来特别细腻又悠长的香味，比如麝香、焦木。还有些甜味和一些酸度。用在禽肉上真是美妙的享受。

塔斯马尼亚胡椒（假胡椒）

这个被称为"土著胡椒"的品种不是胡椒，它生长在澳大利亚东南的塔斯马尼亚地区。刚入口时很舒服，然后会产生热感。它的颗粒会带来月桂叶、绿色核桃和水果（黑莓、蓝莓和黑醋栗）的香味。与猪肉、羔羊肉和白肉搭配最佳。

加德满都胡椒（假胡椒）

这也不是胡椒，是尼泊尔加德满都地区的一种野生香味植物。它带来的香气是橘柚类型的，柔和又悠长。但一定要注意的是，这种假胡椒对舌头和嘴唇有麻醉作用。撒在禽肉菜肴上真是绝佳美食，也可以给某些调味汁带来一定的酸度。

青花椒

如果可能的话，最好买新鲜的青花椒，尽管比较少见。经常是脱水后销售，在果实没有成熟前采摘，所以带着一些绿色植物的清香，比如丁香，还有一丝辛辣。可以整果或磨碎后上桌，经常搭配颜色偏白的肉的菜肴或者著名的胡椒牛排，烧烤时放入或撒到调味汤里。

"我再重复一遍，建议不要在烹饪中用胡椒。在菜肴已经做好了，上桌前或就餐中撒胡椒，只有这样才能品鉴到胡椒的香气。"

黄油的使用技巧

黄油是奶中的油脂部分，问题是在烹饪时若超过一定温度，它就焦了。
事实上，有几种方法能帮助在做肉菜时保留住黄油的香味和质感。

黄油是怎样制作出来的?

我们要提取出牛奶中的乳脂，然后搅拌。油脂会慢慢集中起来形成黄油的颗粒，再集中成块。这时候可以从器皿中将黄油块取出来水洗、揉搓，最后在一个模具中压制成型。

黄油为什么会烧焦?

黄油中有水分，只要水分还在，温度不超过100℃（正常气压下水沸腾的温度）时黄油都不会烧焦。但当水分完全蒸发后，温度会急剧上升。

当人们加热黄油时，黄油会先变成沫状，这是因为水分开始转变为蒸汽。水分完全蒸发后黄油的温度在130℃左右，酪蛋白和乳糖开始变焦黄。如果继续加热的话，黄油会变黑直至完全焦煳，到时候就只能扔掉了。

解决办法

将黄油中的蛋白质和乳糖抽出后，黄油就不会在130℃的温度下焦化。一旦将这些成分抽出，就是我们说的澄清黄油，它甚至可以被加热到250℃而不会焦煳。

可以用澄清黄油代替其他油来做烧烤或整块烘烤等，甚至可以用澄清黄油代替植物油来炸薯条，不会焦煳的。

制作澄清黄油

❶ 用热水或微波炉将一整块黄油慢慢熔化，不要搅拌，最重要的是不能烧焦。之后会慢慢出现一层泡沫状物质（酪蛋白）漂浮在上面，而中间是层黄色的油脂，下面是白色的液体（乳清奶）。

❷ 将一张吸纸平铺在漏斗上，随后将锅里的液体倒入其中，经过过滤剩下的就是澄清黄油。澄清黄油可以在常温及避光的情况下保存几个星期。

配料

榛子黄油

在被烧焦之前，黄油会有变成漂亮的深米色的阶段，这个阶段的黄油被称为"榛子黄油"。这不仅因为其颜色是榛子色，更因为其带着榛子的香味。

黑黄油

别害怕，这不是指被焦化的黄油。只需要在榛子黄油中加点酸性物质，比如醋或者白葡萄酒。黑黄油搭配以家畜脑部位为原料的菜肴时口感会非常棒。

防止黄油烧焦的小窍门

我们已经知道，当黄油中的水分被蒸发后会出现被烧焦的问题。名厨们的小窍门是在软化黄油的过程中加点肉汤或水，千万不要加太多，一小汤勺的量就够了。加水或汤的第二个优点是会在肉汁中加入菜汤或肉汤的味道，会非常好吃。

加点植物油真能避免烧焦吗？

千万别听信什么加点植物油就能避免烧焦的话，结果黄油还是会焦化。只是黄油焦化后会稀释到植物油中，肉眼看不到而已。

使用黄油的小贴士

	最高温度	平底锅	炖锅	烤箱
普通黄油	100—130℃	中挡	中挡	不能超过150℃
澄清黄油	250℃	旺火	旺火	一直到280℃

"优质黄油的口感根据奶牛饲料的不同而不同，所以是有季节性的。春季后期和初夏时节的黄油口感最好，因为草场的草非常新鲜，还有很多小野花，这都给黄油带来很好的味道。"

油的使用技巧

不是所有的植物油都是相同的，它们烧煳的速度和香味都有区别。

当然还有猪油、鸭油或者牛油。

接下来，我将总结概括一下烹饪中会遇见的油类和脂类。

植物油是怎样制作出来的？

食用植物油源自那些含油量比较高的种子或果实。根据其品种不同，处理方法也不同，包括烘烤、磨成粉等，然后再榨出油脂。而果实类则直接通过压榨制油。无论何种制作方法，最后都要通过一个精制期使植物油变得稳定。

动物脂肪（猪油、鸭油、牛油等）则是在熔化后，澄清所有的"不洁净"物质。

油为什么会冒烟烧糊？

从某个温度起，植物油和动物油会分解和变质，烟会从烧热的油脂上冒出，这就是油烟点。

解决方案

油不像黄油，可以澄清后提高油烟点的温度。所以没有任何解决方案，只有记住一条：油温别太高，别冒烟。

因此，要根据烹饪方式和食物来选择油脂。

为什么锅里的油脂会炸出来或溅出来？

事实上，不是油脂会炸出来或溅出来，而是肉中的水分在沸腾！

肉中的水分受热后从液体状态转变成气态的水蒸气。这个过程非常快，几秒的时间就够了。正是因为太快才会翻涌出来，并带出油脂。

为什么炸薯条的油会溢出来？

当我们炸薯条的时候，土豆中的水分会变成蒸汽，就是我们在油锅中会看到的慢慢冒到表面的小气泡。问题在于，蒸汽的体积是水的体积的2000倍。

如果要炸很多薯条，水分会马上转变为气泡，占据油锅，最后结果是锅里的油溢出来了。解决方法就是一次别炸太多的薯条。

"如果可能的话，可以尝试用用鸭油或牛油，它们会给食物带来很多不可思议的香味。花生油是种好油，玉米油在烹饪后的食物上流动性比较好。瓜子油品质一般，应尽量避免使用。"

油烟点

每种油脂都有自己的限制温度，这就是油烟点。绝对不能超过这个油烟点，下面简单列出一些常用油脂的油烟点。

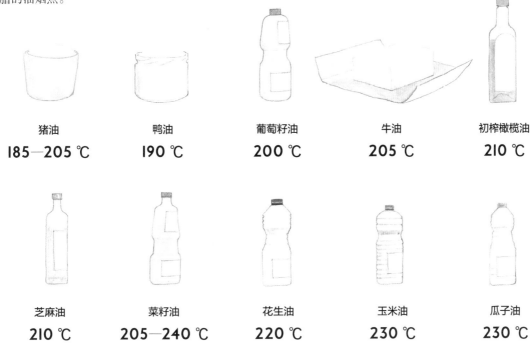

猪油	鸭油	葡萄籽油	牛油	初榨橄榄油
185—205 ℃	190 ℃	200 ℃	205 ℃	210 ℃

芝麻油	菜籽油	花生油	玉米油	瓜子油
210 ℃	205—240 ℃	220 ℃	230 ℃	230 ℃

为什么在煎肉或整块烘烤时要放点油脂？

因为肉的表面并不是整齐划一的，有很多小的凹凸。如果想肉能煎得好吃，最好要保证肉能熟得均匀一致，无论是凹进去的还是凸出来的部分都熟了才好。最好的解决方法是用液体填充缝隙并覆盖肉的表面，这样肉才会熟得均匀。

加油脂或黄油的另外一个优点是能增加麦拉德反应，烹饪时给爱吃的肉块带来更多的香味。没有油脂的话，肉块煎得金黄的可能性比较低，加点油后很快就会变金黄。不过别担心，油脂绝对不会在烹饪过程中渗入到肉里。

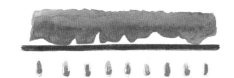

无油煎肉

因为空气的热传导性很差，肉与平底锅没有太多接触，所以做起来有点困难。不会煎出金黄色泽，也没有太多的香味。

加点油脂

油脂的热传导性很好，通过油脂肉与平底锅接触面积加大，更容易熟。能够煎出金黄色，也会有很多香味。

肉的熟成

有些肉店特意推出经过90天甚至120天熟成的肉来卖。
好吧，那这些熟成的肉真的有独特的美味吗？

历史小故事

肉类熟成并不是件新鲜事儿。在中世纪时，人们已经会把肉放置多日用来获取更多的香味，并让肉变得软一些。后来到了19世纪末，法国人查尔斯·特里埃（Charles Tellier）归纳总结出一整套有关冰柜的技术，通过这套技术他可以调整冰柜温度。为了证明自己的技术能力，他购买了一条大船，在船上装了很多自己设计的冰柜。随后在冰柜中塞满鲜肉，开始了从法国鲁昂到阿根廷布宜诺斯艾利斯的漫长海上旅行。为期105天的海上旅行

结束时，在冰柜－2℃至0℃温度下保存的鲜肉依然完好。于是大规模的牛肉熟成工艺就这样开始了。

科学解释

家畜被宰杀后，在酮体变硬过程中肉细胞开始消耗肌肉中所含的糖原并产生乳酸，乳酸会改变肉的pH值使之变成酸性。然后钙蛋白酶和组织蛋白酶开始分解肌肉纤维的收缩结构，称为蛋白水解。之后肉在脂肪分解、氧化脂质的过程中产生味道。肉类的柔嫩大多是在这两周内形成的，随后人们才开始通过

精制过程来使肉产生更多的滋味。

是熟成还是精制？

最为常见的是被动熟成，就是将肉在冷库里放几个星期。

精制比较复杂，但会产生更多的香味。一个善于肉食精制的人肯定掌握着非常尖端的科学知识，他知道如何控制冷库的冷风系统，根据肉不同的精制程度来控制湿度，甚至可以精确到0.1℃来调节冷库的温度。当然他也知道如何排列肉酮体，使其相互之间产生香味的互动，以及控制冷库的亮度。

将肉酮体如何吊挂也会影响熟成结果

宰杀之后，家畜的酮体从跟腱部被吊挂起来。

从跟腱部吊挂

这种吊挂方式主要是为了节省空间。但是这么吊挂的结果是整个酮体的重量由背部脊柱肌肉承担，所以这部分的肌肉根本得不到松弛，反倒更被压紧。

肌肉被压紧＝熟成阶段柔嫩度比较低。

有些比较少见但非常懂行的肉店经营者，他们会采用骨盆悬吊方式。

骨盆悬吊

骨盆悬吊是套住家畜酮体的骨盆位置将其悬挂起来。这样的话，实际上是脊椎骨在分摊酮体的重量，而不是脊柱肌肉，它们反倒处于一种比较松弛的状态，于是会更为柔嫩。这种悬吊方式可以看到酮体的形状发生变化，尤其是背部肌肉。于是，背部里脊被拉长，变得更细，吃起来肯定更为美味。

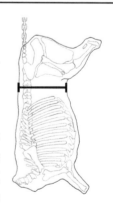

肌肉放松＝熟成阶段会获得更大的柔嫩度。

> **"牛肉可以禁得住很长时间的熟成，但不是牛身上所有的部位都禁得起。"**

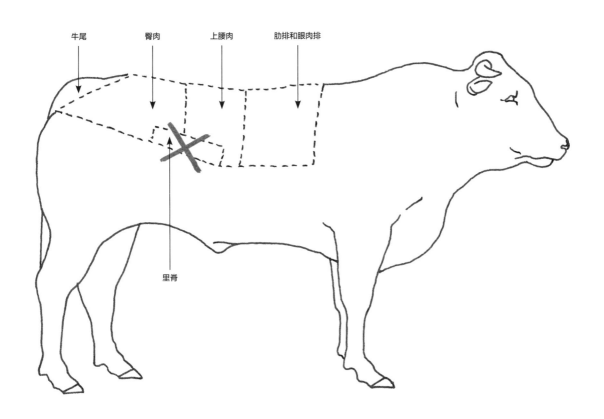

牛尾　　　臀肉　　　上腰肉　　　肋排和眼肉排

里脊

哪些肉可以做熟成处理？

小牛肉、羔羊肉、猪肉、禽肉：一周时间

　　这些肉的熟成时间比较短，因为熟成并不会让它们的肉质更为柔嫩，也不会产生更多的香味。一般来说，这些肉的熟成时间不会超过一周。

牛肉的某些部位

　　只有少数部位的牛肉禁得起长时间的熟成，那些本身肉质比较硬的部位，熟成并不会带来什么效果。但是拆除里脊后的腰部和臀部肉，比如上腰肉及臀肉排，这些都是经过熟成后可以带来很明显品质改善的部位。

品种、体形大小和家畜生长年数的影响

　　熟成时间要根据牛肉的品种来进行相应调整，一般那些盎格鲁-撒克逊的品种，比如海福特牛或安格斯牛，它们的熟成期比较短。梅赞细脂肪牛熟成时间相对长些，而夏洛来牛，它的熟成时间更长。宰杀时，家畜的生长年数和体形大小也是熟成时间的影响参数。

饲料的影响

　　人工饲料喂养的牛，比如吃玉米饲料的，它们的肉禁不起长时间的熟成。

牛肉熟成指南

我们可以用两种方式熟成牛肉：
一是真空湿式熟成，在潮湿环境下熟成，包括肉自身的汁水；
二是干式熟成，在一个冷库里，但要严格控制温度和湿度。
两种熟成方式获得的结果，从柔嫩程度上讲，比较一致。
但干式熟成获得的牛肉，其口感是真空湿式熟成所无法比拟的。

真空湿式熟成

一般能在超市的肉类柜台找到这类熟成肉排。这类肉排经常会带着一丝轻微的金属味，因为牛肉中的肌红蛋白里有很多铁。实际上，真空湿式熟成能带来的香味并不多。

密封的肉块 = 真空湿式熟成

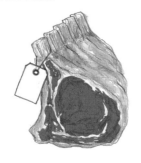

干式熟成

干式熟成的结果非常棒，味道丰富。在熟成期间，糖分会凝聚，油脂开始被氧化，会带来细腻的香味和其他的特点。

空气中敞放的肋排 = 干式熟成

出色!

干式熟成的几个阶段

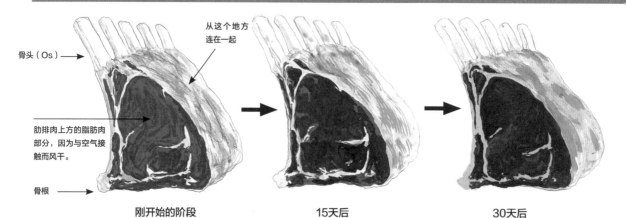

骨头（Os）→

从这个地方连在一起

肋排肉上方的脂肪肉部分，因为与空气接触而风干。

骨根 →

刚开始的阶段

15天后
肉已经开始风干，外表形成一层薄壳，脂肪开始变色，而肉的颜色变得更深。

30天后
牛肉会继续风干，体积收缩，几乎失去原先30%的重量。

家中熟成

两种受限因素

在自己家里熟成肉排，会有两件事令人感到不舒服：

首先，肉排的最终大小。熟成之后的肉排要剔除那些被风干的部分，大概会有1厘米的厚度。如果买了半架酮体肉排（大概50厘米的长度），即使1厘米的风干层被剔除影响也不大。但万一买到的肉排只有2—3厘米厚的话，这就等于要扔掉半块肉排了。

其次，熟成肉排需要有空间。同时熟成的肉排越多，味道会越好，因为它们相互之间会产生香味互动。然而一般家里不会有这么多空间，但这不是说家里不能做肉排熟成。

实施步骤

买半扇肋排，大概是四块肋骨连在一起的大小。然后将肋排去包装后放在铁架子上，这样会保证周边空气流动。再在肉排下方放置一个与肉排同等大小的铁槽盘，里面放一杯水（空气的湿度非常重要）。每天换水一次，这样闲置3个星期至5个星期。然后将肉排四周风干部分及上部的一部分脂肪切除，就可以切开肋排正常烹饪了。

熟成肉为什么会很贵？

—很耗时；

—需要有地方放，要很大的空间；

—熟成后的损失不少。包括一部分重量，因为肉里的水分会蒸发，还有一部分外表的肉风干后会直接剔除扔掉。最后计算一下的话，损失的重量，根据不同部位，大概是初始肉排重量的40%—50%。

熟成肉为什么这么好吃？

经过熟成处理的牛肉会更加柔嫩，更多汁，因为经过部分分解的蛋白质在烹饪过程中会形成更多的肉汁。

经过熟成的肉有更为丰富的香味，这是因为一部分水分被蒸发后，香气更为集中；另一方面是因为在熟成过程中肉会产生新的香味。

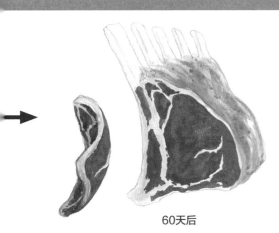

60天后

外表颜色很深，几乎呈黑色，肉的汁液颜色也几乎是深色的。
肉块损失几乎一半的重量，有更多的新口味在这期间产生。

一块熟成很好的肉排会有很多种香味，
比如樱桃、榛子、黄油、奶酪、焦糖等食物的味道。

论切肉方式的重要性

知道切割肉块的秘密,
可以让您买的肉块变得更为柔嫩,更有滋味。
嘘! 先别跟别人说……

切肉的方向和肉的柔嫩程度的关系

您可以很简单地将肉块切成很薄的肉片,这肯定会增加肉的柔嫩程度,但必须要垂直于纤维的方向切。如果顺着纤维的纹理切肉,吃的时候要比吃横切肉时多花出十倍的力量来咀嚼。

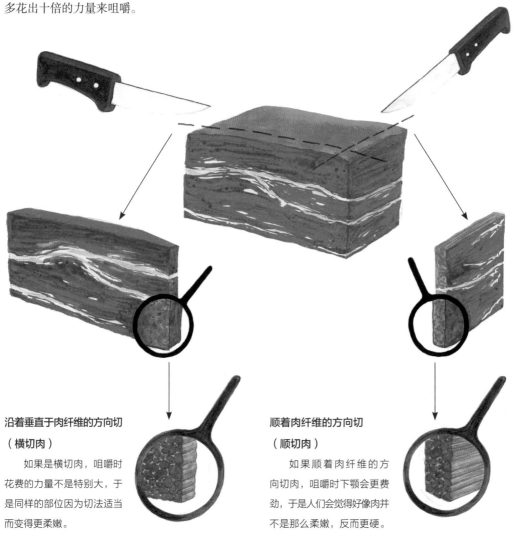

沿着垂直于肉纤维的方向切
(横切肉)

如果是横切肉,咀嚼时花费的力量不是特别大,于是同样的部位因为切法适当而变得更柔嫩。

顺着肉纤维的方向切
(顺切肉)

如果顺着肉纤维的方向切肉,咀嚼时下颚会更费劲,于是人们会觉得好像肉并不是那么柔嫩,反而更硬。

交换面积La Surface D'échange

这词听起来好像更应该出现在科学讲座，但确实也有点科学性。很简单，肉与平底锅的接触面积越大，越容易被煎得金黄。非常富有生活逻辑，其实这就是我们要说的交换面积。肉排越薄，被煎得金黄的部分比例相对就越高。

如果我们把重量一样的两块肉用不同的切法，一块切厚，一块切薄，我们就能看到下面的结果：

同等重量，不同的切法，两块肉烹饪后所表现出的金黄色的部分区别很大。左边的肉块吃起来没有那么多香气，因交换面积小，所以麦拉德反应带来的香味比较少。

换成那些相对比较硬的肉，用炖或煮的方法做的话，原则上是一样的，交换面积大使得肉里的香味更多地传递到肉汤里面。

与平底锅接触的面积小
= 交换面积小
= 金黄焦脆的部分相对很少

与平底锅接触的面积大
= 交换面积大
=金黄焦脆的部分相对很大

肉块厚度与烹饪时间的关系

一般看菜谱或听商场人介绍时，往往给出的建议烹饪时间是按照肉块重量得来的。这有点愚蠢，因为重要的不是肉块的重量，而是肉块的厚度。

您肯定知道一块里脊肉排的烹饪时间比肋眼肉排的要短，而肋眼肉排的煎制时间又少于整块烘烤的肉块。但怎么来计算烹饪时间呢？

为什么不是肉的重量起决定性的作用？

一块2厘米厚的牛排，无论重量是200克还是400克，在煎锅里熟的速度是一样的。为什么？因为厚度一样。但如果换成一块4厘米厚的牛排，还有一块2厘米厚的牛排，两者重量一样的话，煎的时间是不同的。

应该怎样计算呢？

人们会想如果一块肉比另一块厚出一倍的话，它的烹饪时间会比较薄的那块多一倍。但事实上并不是这么计算的。烹饪时间的计算方式是时间T等于厚度差的平方。比如A肉排是2厘米厚，B是4厘米厚，B的烹饪时间是（4-2）^{2}，所以B肉排的烹饪时间是A的四倍。还是画个图吧，或许说得更明白。

如果换成整块用烤箱烘烤结果会不同吗？

还是肉块的厚度决定烘烤时间。如果捆好的肉直径是10厘米，无论重量是1千克还是2千克，都是一样的烹饪时间。

200克   400克

一样的厚度，所以烹饪时间相同。

200克   200克

左边的肉是右边的2倍厚，所以烹饪时间不同。

1000克   2000克

两块肉的厚度一样，热能渗入肉的速度是一样的，
无论这块肉是长还是短。

烹饪方式
决定肉块切割的大小

别一开始就把买到的肉切大块或切肉丁，
一定要先想好怎么做再切。

煎和炒的切法

很薄的肉片

小牛肉或禽类的胸肉

主要目的是要熟得快而且熟得比较均匀。省得外层的肉已经干了，而肉心还是生的。这种做法非常适合白肉，可以防止它们变干。

| 1厘米

交换面积大：
肉会熟得快而且熟得均匀。

比较厚的肉片

肋眼肉排、腰肉排、里脊肉排、猪肋排

这时的交换面积相比整个肉块的体积还是不错的。主要目的是能够将外表的肉煎得金黄，而里面依然会有热气但不至于熟得过分，可以将牛肉做得很柔嫩，猪肉和小牛肉仍是粉红色。但建议禽类不要切成这种厚度，因为容易外面一层发硬时肉心还没熟。

3厘米

交换面积不大：
肉熟得不是很快，也不会熟得很均匀。

很厚的肉片

牛肉肋排、大块的肋眼肉排

这样的厚度主要适用于那些可以半生食用的肉类，为了达到外熟里生的要求。但这个厚度在煎的时候要避免熟得"恰好"，因为这会让外表的肉煎得焦煳。

3—5厘米

交换面积不大：
肉熟得不快，且熟得不均衡。

特别薄的肉片

使用炒菜锅

目的是增加交换面积，快速烹调的同时能产生大量肉汁。切的时候一定要与肉纤维垂直切，来保证肉的柔嫩程度。

极薄

交换面积最大化：
肉在下锅的瞬间已经熟了，熟得很均匀。

煮肉或炖肉时的切法

切大小不一的肉块

肉菜炖煮、白汁炖小牛肉

肉块的大小对烹饪后的味道影响很大，肉块越大，烹饪时间越长，但肉越容易保留自己的香味。与此相反的是，肉块越小，烹饪时间越少，但肉也容易失去香味，汤汁反而更好，所以需要做出选择。

交换面积大：
肉块容易损失一部分香味到汤汁里。

交换面积不太大：
肉块不容易失去香味。

切很大的肉块

法式炖肉火锅、炖火腿

切块越大越容易保留肉的香味，切大块肉，慢火长时间炖，都不用怀疑，肯定更好吃。

交换面积不大：
肉块不容易失去香味。

切薄片

汤汁

如果想做个好汤或锅底的话，这是个很好的窍门，切薄片后交换面积大，肉会很快失去自己的香味，而汤或锅底会相应变得好喝。做锅底时，最好切薄片肉，会更好地提味，比如用几片火腿。

交换面积非常大：
肉块会失去很多香味。

切厚片

炖小牛肘肉

这种用法是针对那些需要先在锅里煎一下，甚至煎到金黄后再放到炖锅里慢火炖的肉类。交换面会在煎制中产生很多肉汁，随后与锅里的锅底混合在一起。一般来说，这样炖的时间不会太长。

交换面积不大：
肉块会保留很多香味，
同时在煎制过程中产生肉汁，
给锅底带来香味。

切大厚片

猪腿肉块、羊腿

比较厚的肉片，这样肉块的交换面积更小，更容易保留住自己的香味。如果先烤或者煎一下，炖锅里的肉汤会更出色。

交换面积小：
肉块能保留香味，
同时肉块表面会产生肉汁，
融合到汤汁中。

用盐腌制的不同方式

腌制，或者应该说是腌渍，指把肉块放到盐里，或放在盐水中。
这是两种方法，具体怎样实践呢？

腌制＝盐

用盐腌制后的肉会发干，更有弹性，就是用这种方法制作盐腌鸭胸肉和生火腿。先把肉放在盐与香料的混合物中，过一段时间后清洗干净，然后再用其他香料包裹风干。

腌制是有季节性的

1690年开始在法语字典里出现腌制这个词。当时的解释是，在特定的时间内用盐腌咸肉类。所以当时，腌制是有季节性的。一般是秋天开始准备过冬的食品，人们依靠腌肉过冬，所以才有了腌制法。

盐腌是怎样的过程？

通常是把一块肉与盐和香料混在一起，然后放置到一边。一块不太厚的肉，比如鸭胸肉，一般需要18小时到24小时的腌制。对一块更厚的肉，需要的时间更长，比如48小时，甚至需要2个月的腌制时间来做个生火腿。在这段静置时间内，肉会吸收一部分盐，一旦盐的含量达到6%时，肉里的水分开始被排出。

腌制的静置期过后，人们通常会清洗肉块，要么用刷子刷后再擦干净，要么直接用水清洗然后擦干。这一步之后还会再撒上些香料，静置一段时间。还是以鸭胸肉为例，用布包上后还需要三天的时间风干。更大块的肉，或许需要1星期的风干时间，而高品质的生火腿最长可以用3年风干。

风干时间

24小时内盐不会直接全部渗入到肉块里。盐最初是在肉的表面，然后才会到肉的中心。在风干期间，盐还会继续向肉块中心渗入，整个肉块的咸度渐渐变得比较均匀。这是在风干期间出现的第一件重要的事情。

第二件事是在风干期间，肉块里面的水分会继续外排蒸发。于是肉块中的香味开始集中，新的香味也开始出现，有点类似牛肉的熟成过程。

科学解释

肉块中的纤维蛋白被盐破坏，变得不稳定，继而改变并开始重组凝结。实际上我们熟悉的生火腿等一类腌制肉的质感，就是这些纤维蛋白重组凝结后带来的。

> "又是盐腌又是腌渍的，听起来很复杂，这其实都是您应该没事时就做的准备工作。首先，因为好玩又确实简单，其次，更主要的是这道工序真的能改变某些肉的口味和质感，使得它们更好吃。"

腌渍＝盐和水

通过腌渍，肉会保留更多水分，于是烹饪后依然有很多肉汁。这就是意大利熏牛肉的原理，先将一块牛胸肉放入盐水中腌制，盐水里有盐、糖和香料。腌制时间为几天，然后取出洗干净，随后就可以烹饪了。

是腌制还是腌渍

腌制过程是肉在盐的作用下通过蒸发排出肉的水分，而腌渍则是腌渍液渗入肉中然后再排出水分。

什么是腌渍？

腌渍时，对盐的用量要更为准确。首先要称一下肉块重量，并准备同等重量的水。在此基础上加5%的盐和1%的糖（比如1千克的肉用50克的盐和1克的糖，而2千克的肉则是100克的盐和2克糖，以此类推……）。混合水要先煮沸杀菌，水开了再加入各种其他的香料煮十分钟，让各种香料入味。随后关火将腌渍汤水放凉，再将肉块放在里面浸泡48小时。

在浸泡过程中，腌渍汤水会进入水中松弛的肉块。一旦肉内盐含量超过6%，盐度继续增加后水会开始回流。

确切地说，应该在这个时候拿出肉块，冲洗擦干，并放在一个清凉的地方晾干。浸泡的时间取决于肉块的重量及形状，越厚的肉块，浸泡的时间越长。

风干时间

风干时间比腌制的时间要短很多，一般1千克的肉，只需要24小时的风干时间，这足以让盐能均匀地分布在整个肉块里面。

科学解释

蛋白质因为盐的出现开始变形，会吸收更多的水分，在随后的烹饪过程中也会留住更多水分，而且抵制肉纤维的变形。因此肉会在烹饪期间及烹饪后都能保证汁水充沛，这就是熟火腿的烹饪原理。

腌泡

腌泡的目的是给肉带来新的味道或使肉变得多汁，
甚至极少情况下会使肉变得更嫩一些。这都是腌泡的常识，人人皆知。
问题是怎样才能让腌泡汁进入到肉里呢？这才是比较复杂的问题。

酸性腌泡汁和含酒精的腌泡汁

腌泡汁中的酸性物质使得肉变软

柠檬汁、醋、酸奶等，这些都会通过改变纤维结构，让肉变得更嫩也更多汁。一旦经过改变，肉纤维在烹饪中就不会收缩并排挤出汁水。因为某些水果中包含的生物酶，比如菠萝汁或番木瓜汁，制作的腌泡汁会让肉变嫩很多。

肉类不喜欢酒精

有些腌泡汁是含酒精的，事实上酒精的酸度使得肉变嫩软。

需要注意的是，如果腌泡汁中使用的酒精度数比较高的话，酒精通过渗透反倒会让肉变硬。

菠萝和番木瓜含有蛋白质分解酶（菠萝蛋白酶、木瓜蛋白酶），具有破坏蛋白质的作用，因此可以使肉软化。

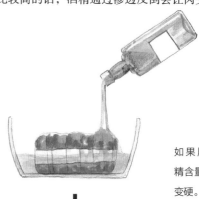

如果周边环境里酒精含量高，肉会失水变硬。

肉中的水分会被酒精析出。

怎样腌泡才算好

需要腌泡的肉必须切成刚好一口大小的块状，这才是腌泡最好的大小。腌泡汁可以深层渗入到肉里，还可加些酸性物质让肉变得多汁。加入各种您喜欢的香料，然后让时间来起作用吧。至少24小时才能腌制好鸡肉，而牛肉和猪肉至少是48小时。

肉变得干硬。

腌泡需要很长时间

经过腌泡的肉在口味上会有改变，为了达到这点，腌泡汁必须能渗透到肉块里面，可问题是渗透速度很慢。

为了让腌泡汁完全渗透，需要的时间如下：

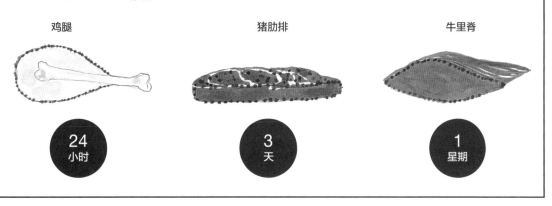

鸡腿	猪肋排	牛里脊
24 小时	3 天	1 星期

腌泡汁能保鲜吗？

在中世纪时，人们会花好几天来腌泡肉块。但与我们的想象相反，他们不是希望肉变得软嫩，而是想用这个方法来保鲜。

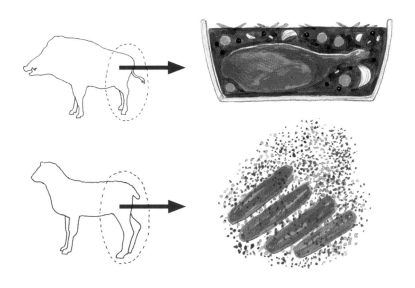

在**欧洲**，人们当年是用葡萄酒和菜来腌泡肉。腌泡汁要完全覆盖过肉块，这才不会使肉与空气接触发生氧化。

在**亚洲**，人们用那些可以杀除微生物的香料，比如咖喱、芥末、大蒜等来腌泡肉，以便使肉尽可能长时间保持可食用的状态。

腌泡的窍门

一旦知道了腌泡汁其实根本渗不进肉里去，
我们就得想办法看看怎样能做出成功的腌泡肉制品，
这些窍门应该能给肉带来很好的香味。

肉要切小块

当您腌泡一块比较厚的肉时，其实仅仅是肉的表面被腌泡。每一口吃下去，只有腌泡汁而没有肉块与腌泡汁作用后的香味。

但是当您将肉切成小块时，每个小块会被腌泡汁浸过，所以会带来更多的香味。

肉块被腌泡汁覆盖。

入口的腌泡汁分量很少。

切成小块肉。

浸泡在腌泡汁中。

腌泡汁味道
及肉本身味道最大化。

最好的腌泡是在烹饪中

当肉块在烹饪过程中，表面会出现很多凹凸。窍门是在这个时候用腌泡汁浸泡，通过凹凸挂住肉块。所以在烹饪到半熟或者基本快熟的时候，让肉块凉下来，然后放入腌泡汁。随后再重新烹饪这块肉，于是肉块的口感会美味100倍。

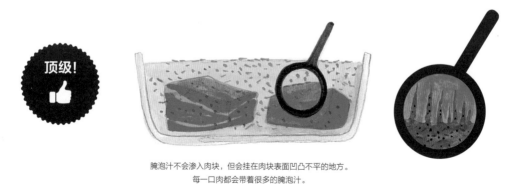

腌泡汁不会渗入肉块，但会挂在肉块表面凹凸不平的地方。
每一口肉都会带着很多的腌泡汁。

准备工作

市场上卖的腌泡肉是怎样制作的

这个方法主要是通过注射直接将腌泡汁打入肉里，然后再将肉块静置48小时。超市或商场里的经过腌泡处理的肉块就是通过这种方法获得的。

每扎一针，腌泡汁会在肉里渗透一点，但因为会扎很多针，所以最后的效果还是很好的，方法比较有效。

在药店可以买到粗针管和针头来注射腌泡汁。

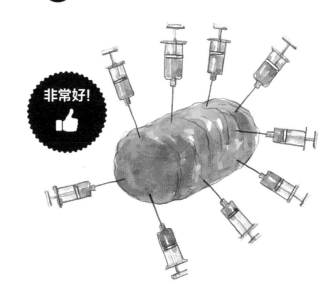

在烧烤的同时进行腌泡是最有意思的

烧烤时千万别浪费很多时间来腌泡肉块，这是毫无用处的，应该在烧烤的同时在肉块上刷腌泡汁。

在烧烤的烹饪过程中，神奇的事情会出现。当您在烧烤的同时给肉刷上腌泡汁时，会有些腌泡汁落在炭火上，于是会产生烟气，这些烟会直接冲向肉块给肉块带来更多的味道。这就是为什么烧烤时最适合用腌泡汁。

> "是因为腌泡汁给肉块带来烟熏后的香气，而不是因为在烧烤过程中腌泡汁会更快渗入到肉块里。"

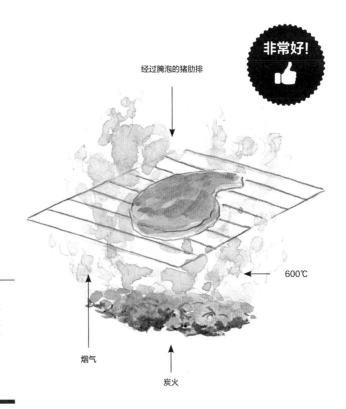

经过腌泡的猪肋排

600℃

烟气

炭火

烧烤

烧烤是最为古老的烹饪方式之一，而且自古至今基本没有多少变化，
只要把肉放在冒红的炭火上就可以了。但事实上烧烤还真不是我们想象的那么简单，
了解下面的四个要素就能做出与以往完全不同的烧烤。

烧烤要用什么类型的肉？

那些禁得起烟熏的肉都可以，比如肋眼肉排、牛肋排、小牛肋排、猪排骨或羔羊腿等。

需要带有辐射力的热力

想成功地做出一次烧烤是需要有热力的，但得是带着辐射力的热力。当然煤气炉灶会产生与煤炭一样的温度，但不会辐射出来或者很少辐射，仅仅这一点就会产生很大区别。没有带辐射力的热力，肉块不会产生金黄色泽。这就是电炉、煤气炉与煤炭烧烤的差异：肉会烤熟，但不会变成金黄色泽。

烤箱也是带有辐射力的热源，也正因为有辐射力，所以烤箱会将肉烤得金黄。

请使用烤箱的烧烤方式！如果把一块肉放到200℃的面包烤箱内，肉会被烤干，但如果是用烤箱烧烤，同样的200℃会很快将肉烤得金黄。

最重要的是烧烤架上带着辐射力的高热力，这样可以很快烤熟肉块。

冒烟的腌泡汁

经常会有人说："烧烤前把肉腌泡2—3小时。"千万别相信这些话，腌泡汁不会在这么短时间内渗入肉里。但比较有意思的是，将腌泡汁刷到烧烤架的肉块上，部分腌泡汁会掉到炭火里产生烟雾，最终做成烟熏肉。

炭火不会产生味道

使用木柴烧烤对烧烤本身没有任何影响，因为炭火不会产生味道。

烟熏肉的原理是怎样的呢？

在加热过程中腌泡汁滴落在炭火上，里面的调料会因此燃烧，产生带香气的烟雾。在烧烤过程中，肉表面的纤维会变形并产生缝隙，烟气会通过缝隙进入肉块，带来很多香味。

香味植物的味道

另外一种让烟熏带味的方法是在炭火上直接撒些香料，比如百里香或迷迭香。

3 **烧烤架的颜色也很重要**

通常，烧烤架的颜色是黑色，这主要是为了避免使用中看到溅出烧黑的油脂。然而，这真是最差的颜色，因为黑色会吸收热量而不会释放热量。如果您的烧烤架是黑色的，可以确认的是最热的部分肯定是中间。因此当您把肉块摆在烧烤架上时，周边的肉会熟得比较慢。

获得比较均匀热力的解决方法是将烧烤架的周边用铝箔纸包上，这样炭火释放出的红外线热力才会被反射回去，使得肉块熟得比较均匀。

热力不均衡，
烧烤架中间部分过热。

炭火的辐射力被周边的黑色吸收，导致周边的热力不足。

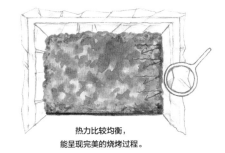

热力比较均衡，
能呈现完美的烧烤过程。

炭火的辐射力会被铝箔纸反射，热力在烧烤架上会分布得比较均匀。

4 **两个热力分区**

某些比较厚大的肉块，比如一块厚牛肋排或一根羊腿，在烧烤时需要两个烹饪阶段：一是高热力区，用于将外部肉烤得金黄；二是慢热力区，慢慢渗透到肉的核心部位。

当然可以在烧烤架上调节托盘的高度，但实际作用不大。应该在炭火烧烤托盘中做出两个分区：一个高火力的，一个慢火的。

铝箔纸
万岁！

将烧烤架托盘提高10—15厘米

烧烤架托盘在温度上将会有所降低，但从放射力的角度来看基本是一样的。

烹饪过程依然会在高放射力的炭火作用下进行，温度降低并不意味着放射力的减少。

如果无法降低炭火热力或一直在烧火，可以将肉块从烧烤架上取下来，用一块铝箔纸放在烧烤架托盘上，再放上肉块。铝箔纸在隔热的同时会反射回那些炭火释放的放射力。

顶级！

做出两个热力分区

点燃炭火后，最好将大部分的炭火堆积在一个角落，再留一小部分在烧烤架的中央，而后将肉块放在炭火上。这样就会获得极大的温差和放射力的差异。

> "通过烧烤，不仅会将肉烤得金黄，而且也是制作烟熏肉的过程。"

烹饪方式

炒肉

这是最常见也最简单的烹饪方式，但也是有些窍门要掌握的。
这样才能保证获得更好的效果，您知道是什么窍门吗？
从科学角度，我们称这种烹饪方式为"平式油煎"。

怎样炒肉？

炒肉的特点是烹饪时间很短，且须用很强的热力。这种方法使我们可以将3—4厘米厚的肉排两面煎得金黄。

我们在吃羔羊排或小牛排的时候，应要求做得两面金黄，中间冒热气，所以这是最适合的方法。

想成功？需要两个要素

— 极强的热力，能完全覆盖平底锅或炒锅，而不是仅仅一部分，这是非常重要的一点。

— 油脂或植物油，必须能完全将平底锅的热量传递给肉排。

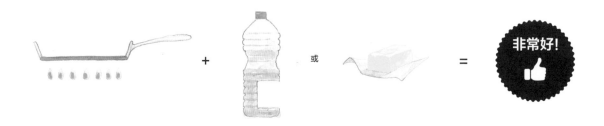

非常好!

什么叫作平式油煎？

平式油煎其实很简单，只是不会像油炸一样用很多油，将食物完全浸入热油里，而是油稍厚一点，在一个平底锅里单面煎。所以也算是炸，但是平面的。

成功制作炒肉的窍门

① 平底锅的大小

如果平底锅中肉太多的话，平底锅的温度会下降，肉会因此被肉里的肉汁煮熟而不是靠煎得到金黄色泽。

当平底锅中肉太多时，因为肉块中水分产生的水蒸气难以释放出来，所以肉块很多时候是被水蒸气烫熟的，而难以被煎成金黄色。肉块会导致平底锅表面温度下降，也很难形成讨人喜欢的金黄外壳。

当平底锅中的肉块大小合适时，水蒸气很容易跑出来，肉块会被煎得金黄。肉块人小不会冷却平底锅的温度，于是在肉块外表会形成一个漂亮的外壳。

② 用油的方法

必须要把油涂在肉块上而不是直接倒在平底锅里，很薄一层油就够了。

如果将油直接倒入平底锅里，一部分油会围绕在肉块周围，使锅加热速度变快，有烧焦的风险。

如果先将油刷在肉块上，再放在平底锅里，肉块周边不会有过多的油，也就不会有烧焦的风险。

③ 热度

当平底锅加热到非常热的时候，就要将肉块放到锅里了。

一般来说，您会听到"滋"的一声，甚至还会有白烟从肉块两边冒出来，不是吗？

水蒸气会不时地掀起肉块。

"滋"的声音是因为肉块中的水分被迅速加热成水蒸气，随后又冒出白烟。正是因为失去一部分水分，肉块表面才会很容易形成金色的硬壳。

肉块下水蒸气的压力是非常大的，甚至大到可以将肉块顶起来，脱离平底锅。当然用肉眼是几乎看不到这个现象的，但是在显微镜的观察下是很明显的。正因如此，在烹饪中肉块自己会动。

④ 用火的大小

通常人们一旦将肉块放到平底锅里就会顺手将火关小点，然而这是个极大的错误。事实上恰好相反，不仅要保持住火力的大小，甚至应该加大。

灶火的面积非常重要。如果火能覆盖的平底锅面积比较小，整个平底锅的受热程度就会不一样，肉块的中央部分会熟得比周边更快。

当把一块凉的肉块放到平底锅中，平底锅的温度会降低。如果此时降低了火力，平底锅就不会有足够的热度来将肉块烤得金黄。

平底锅的锅底面积被火覆盖，于是锅底的温度会比较均衡，烹饪得也会很均匀。

加大火力会弥补因为放入肉块引起的平底锅的温度下降，平底锅会继续保持热度，用来烹饪上面的肉块。

烹饪方式

整块烘烤

先要声明一下，整块烘烤肉并不是将一块肉放在烤箱或炖锅里烹饪。
整块烘烤是需要通过一堆炭火来完成的，但又不是烧烤。
听起来有点乱吧？我们来细说一下……

在火上架铁叉烤还是用烤箱呢？

真正的整块烘烤是用炭火或柴火完成的，肯定不是烤箱。但用柴火或炭火的烹饪方式在现今不是特别方便，于是会有两种方式，最原始的和现今使用的。

什么样的肉才适合整块烘烤？

一块非常厚的肉，比如一块厚牛肉，一只整鸡，一大块小牛肉或羔羊肉，一根腿肉等。

最原始的使用铁叉的整块烘烤方式

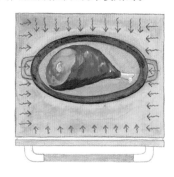

现今用烤箱烘烤

纯正的整块烘烤

整块烘烤的最初目的，是用不高的温度慢慢地烹饪一块肉，让带着放射力的热力有时间慢慢渗透到肉块深处而又不会将外部烤焦。有点类似低温或中温烤肉，达到外部金黄里面熟透的效果。

整块烘烤的原则很简单，即通过旋转肉块，使得肉块能全方位地接受热力的渗入，慢慢地整个肉块在烤熟的同时又不会烤焦外表。

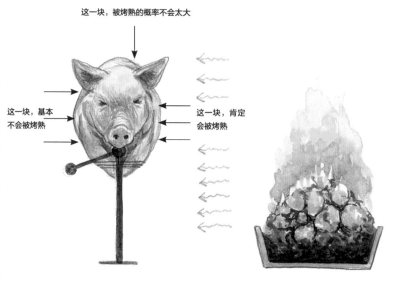

这一块，被烤熟的概率不会太大

这一块，基本不会被烤熟

这一块，肯定会被烤熟

热力会因为肉块的旋转以小波浪的形式慢慢渗入，这就是烤乳猪肉入口即化的原因。

需要涂点油吗？

当然，烘烤前要在肉块上涂一层油。这点非常重要，因为油会加快热力从空气中渗入到肉里的转移过程。与其他烹饪方式一样，只需要很薄一层油就好。

肉块上方：热力的传递很均衡，
所以肉块开始变得金黄，并产生各种香味。

肉块下方：热力的传递很好，
肉块变熟并散发出香气。

需要预热烤盘吗？

如果要预热烤箱的话，有件事是非常重要的，即在预热烤箱的同时也要预热烤盘。

如果没有预热烤盘

烤盘必须要达到一定温度才能将热力传递到肉块，而烤盘的加热过程大约需要十分钟左右。在烤盘被加热的同时，肉块上部也一直在被烘烤加热。

结果：肉块上下部位的加热不均衡，上面比下面熟得快。

如果将烤盘预热

当把肉块放到烤盘上的时候，烤盘已经热了，肉块上下同时被均匀加热。

结果：烹饪过程很均匀，上下肉块熟的程度比较一致。

用烤箱烘烤

在用烤箱烤食材时一般会遇见的问题是食材被烤干，如果烤箱是热循环类型的，这个问题会更严重。尤其是与人们的理解相反，旋转式烤箱并不会更快地将肉烤熟，反而会令其失水更快。

当食材在被烘烤时，食材表面会产生一层水汽。这层水汽会延缓食材中水分的流失，比如肉类。如果烤箱是通过风扇产生循环热风的话，热风会带走这层水汽，使食材干得很快。

烤箱热风扇产生循环热风

肉块表面的湿润水汽被带走，烘烤后的肉会很干硬。

烤箱热风扇不旋转

在肉块表面会有一层湿气，烘烤后的肉不会那么干硬。

整块烧烤的成功秘诀

用烤箱烤的话，最好的方法是在烘烤过程中把烤箱门打开，这样会散射更多的热力。关键一点是要把肉块放到远离烤箱的热力管的位置，这样是为了避免肉块被烤焦。将肉块放在烤箱中最底部，然后每隔5分钟翻动一下肉块，这也是最接近原始烘烤方法的做法。

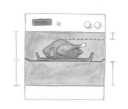

烤箱中的空气温度还不是很高，不能烘烤肉块。

这里的红外线辐射很接近炭火释放出的热力辐射。

肉的这个位置会慢慢烤熟。

烤盘应该放在什么高度？

通常会在各种书中看到这样的说法，即要将烤盘放在烤箱的中央高度。这句话是错误的，不应该将烤盘放在中间位置，而是将肉块放到中间位置。应该根据肉块大小调整烤盘在烤箱中的高度，使得肉块上方距离电热管的高度与烤盘下方距离烤箱底部电热管的高度一致。

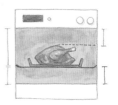

当烤盘放在烤箱的中间位置：
鸡块的位置太高了，烘烤过程不均衡。

当烤盘位置稍微低些：
鸡块的位置正好在烤箱中间，烘烤中的受热比较均匀。

烤盘是否要放在烤箱的最深处？

烤箱的最深处和四角是烤箱中温度最高的地方，烤箱的玻璃门处则是温度最低的地方。这是一个普遍现象，即便是有热风扇的旋转烤箱也是如此。

为了达到食材在烤箱中均匀受热的效果，必须要每隔15分钟转动一次烤盘方向。

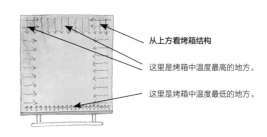

从上方看烤箱结构

这里是烤箱中温度最高的地方。

这里是烤箱中温度最低的地方。

烘烤过程中的短暂停顿

与其等烘烤结束后将肉块放到合适温度，不妨在烘烤时间完成3/4时将肉块从烤箱中取出，放置一边，然后将烤箱温度升到最高。一旦肉块降到合适温度，刷一点油到肉块上（千万不要用烤盘里的肉汁，因为这是水和油脂的混合物）。然后将刷过油的肉块重新放到烤箱里，完成加热及外部烤成金黄色的收尾工作。

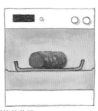

在肉块停顿期
在烘烤时间完成3/4时，取出肉块，然后放在一张铝箔纸上。

停顿后
肉块的外层会吸收很多肉块中间的肉汁，开始变软。这时外层肯定不会变得焦脆，而且温度下降。

刷油
重新将肉块放回烤盘，然后刷一层油，便于肉块迅速加热。

烘烤的收尾
将肉块重新放入烤箱，上下层会迅速被烤得金黄，于是肉块会变得焦脆且有足够热度。

低温烹饪

这是近几年最时髦的一种烹饪方式，但事实上人们已经使用了几个世纪。

低温烹饪可以完好地保留肉本身的肉汁。

这是种比较柔和的烹饪方法，温度要控制在80℃以下。

为什么低温烹饪会受到欢迎呢？

因为它扬长避短，获得了肉类的最佳品质。

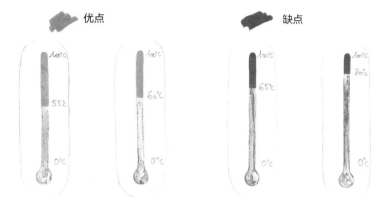

优点

使得某些肉质变硬的胶原蛋白在55℃左右开始分解。

从60℃起，病菌开始被灭绝。

缺点

超过65℃，肉纤维开始紧缩，释放出肉中含有的水分。

肉中的水分在80℃时开始蒸发。

低温烹饪的多种优势

肉质会保持柔嫩，因为胶原蛋白会慢慢分解。

肉无病菌，因为烹饪温度和烹饪时间很长，可以杀死病菌。

肉自身的矿物质和维生素会得到保留，因为烹饪温度比较低，不会使它们流失。

肉会依然多汁，因为烹饪中水分没有流失。

肉会依然可口，因为肉中的渗出物得到保留。

肉质整体一致，因为受热均匀，没有过干过熟的部位。

一种更有禅意的烹饪方式：多出10分钟或20分钟的烹饪时间并不会改变什么。您不需要担心开胃酒环节被拖长，或不好意思打断热闹的聊天而肉菜又该出锅了。

简直幸福到极点！

> "用低温烹饪的方法还可以节能，这不仅对肉有好处，对您的钱包和地球环境都有好处。"

烹饪方式

133

密封烹饪

与其他的烹调方法不同，
密封烹饪是比较新颖的烹饪方式，同时也是最有意义的。
但请注意的是，这种烹饪方式的耗时非常长，根据肉块的大小，
烹饪时间可以从1小时到72小时不等。您没看错，是72小时的烹饪时间。

适用于哪些类型的肉？

所有类型的肉，不分部位，不分大小，都可以用密封烹饪的方法制作，无论是里脊肉还是腿肉。

密封烹饪该如何操作呢？

其实很简单，将需要烹饪的肉放到一个塑料袋中，然后抽出塑料袋中的空气，封好。之后准备一台具备温控功能的低温烹饪机，可以是低温慢煮机或温度控制准确的烤箱，将密封袋放置其中，控制好温度以杀死肉中的病菌和微生物。

I 按照肉块大小装入密封袋中。

2 用真空机抽出塑料袋中的空气，密封。

3 将厨房温度计放到煮锅中，将水加热到需要的温度。

4 将密封袋放入煮锅内的水中。

5 根据肉块的大小和水温决定烹饪时间。

"这种烹饪方法做出的肉有着特殊的香味和质感，但需要置办一台真空机来完成，另外还需要一台低温烹饪机。"

> "直接说吧，如果您喜欢肉的原汁原味，那您肯定会成为密封烹饪法的忠实拥护者！"

密封烹饪的优势

肉质柔嫩多汁

用密封烹饪法做肉的结果是避免了肉纤维紧缩导致排出更多汁水，正因如此，通过密封烹饪的肉才会柔嫩多汁。

密封烹饪

传统烹饪

烹饪过程均衡

从外到内，肉块的烹饪程度都比较均匀，不会出现传统烹饪法中某些部位过熟的问题。

密封烹饪

传统烹饪

可以减少调料的使用

因为密封的原因，盐及其他调料不易流失，而且在密封袋中肉块会完全吸收调料的味道。

密封烹饪

传统烹饪

腌制效果更出色

密封后腌制的肉比传统腌制的更有效果。在密封情况下，两三个小时后就能达到常规需要几天的腌制效果。

密封烹饪

传统烹饪

烹饪方式

煮肉

法式炖肉火锅或白汁炖小牛肉属于煮肉类
料理中最广为人知的菜肴了。这种烹饪方式对于蔬菜来讲是非常传统的，
但对于肉类来讲，却是要避免煮开。

基本载体：水

当我们准备用煮的方式做肉时，第一要点就是水。用什么水来煮肉是保证质量的前提，尤其是人们通常还会用此水做出肉汤或收水做汁。如果最基础的水都没法保证，又怎样会做出一锅好肉？不合适的水只会带来不好的口感。

如果自来水不能满足您的要求，最好买一个滤水器吧，经过过滤的水会使您的饭菜质量更好。如果不能安装滤水器，瓶装水也会给您的菜肴带来明显改进。

不要将水烧开

在很多菜谱上都会看到："做煮肉（法式炖肉火锅或白汁炖小牛肉）时，当锅里的水开始沸腾后要撇除锅内的不洁物。"千万别再被这些什么都不懂的人误导了。

肉块在热水或热汤中加热会发生什么变化呢？肉中的油脂会脱落并与液体混合，这便是解释。

一滴无异味的
水带来无异味的肉

通常人们会使用自来水煮肉，但是这种自来水自身多带有些味道，即便是很轻的味道也会在最后的肉汤中被放大。这很令人遗憾，不是吗？

> **"千万牢记，不要用开水煮肉。即便是刚开锅的水，也会使得肉质变硬而且无味 。"**

出色！

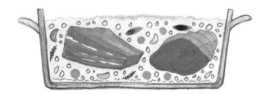

如果还是在水开锅后煮肉，哪怕是刚刚开锅，肉中油脂都会变形，然后冒出一层白色泡沫。因为口感发苦而且看起来又不那么美观，于是人们会用汤勺撇出。其实这种白色泡沫或者"不洁物"根本不是不洁物，它是由油脂和蛋白质与空气混合产生的。仅仅因为外表原因被认为不干净，不会让人产生食用欲望，真令人感到可惜。

如果想做好煮肉，必须要注意汤锅的情况，保证偶尔有几个气泡从锅底冒出就可以了。这种情况下，水温基本在80℃左右，这足以煮熟肉并溶解肉中的胶原蛋白。没有白色泡沫，就没有苦味。简单地说，可以获得一锅带着色彩，同时又很通透的高品质汤菜。

不能煮开锅的第二个原因在于水的导热性。一旦水开了，热传导就过于强烈了。其实在水沸腾与临界沸腾情况下，仅仅是几度温差的问题，但不仅是温度问题。水开了以后，水的流动性增强，热传导性比不流动的水要高出很多。

热水和沸水，有什么区别？
这个问题属于科普问题，但也是很有趣的问题。

热水还没沸腾时，与肉块接触部分的水会降些温度，因为肉块表面温度比水温低。

沸水流动性强，与肉块表面接触时不会发生温度下降的现象。

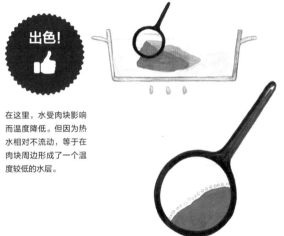

在这里，水受肉块影响而温度降低。但因为热水相对不流动，等于在肉块周边形成了一个温度较低的水层。

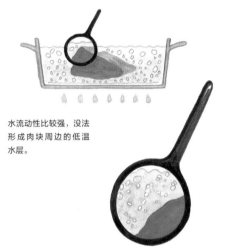

水流动性比较强，没法形成肉块周边的低温水层。

什么时候加盐？

在用沸水煮肉的时候，肉块会失去很多滋味，转变为肉汤，这是渗透现象。于是什么时候加盐成为关键。

1 在烹饪初期加盐，肉不会损失很多自身的味道，但汤会比较清淡。

2 在烹饪中期加盐，肉会损失一些味道，但汤的味道会更好。

3 在烹饪后期加盐，肉会变得无味，但汤的味道非常好。

胡椒当然是最后撒！

绝对不能在烹饪加热期间加入胡椒。例如，茶叶经过长时间浸泡后会变得很苦很涩，胡椒也一样。在浸泡时间长而且受到加热的情况下，会出现苦涩的口感。

而且胡椒的香味不会渗入到肉里，所以完全没必要在烹饪前或烹饪中期加入胡椒，在食用前加胡椒就足够了。

煮肉操作指南

怎么才能使煮的肉又好吃，汤又有滋味呢？

来点小技巧

需要明白的是，不是在水中煮熟肉，而是在用其他肉预先做出的肉汤中将肉煮熟，而预先做肉汤的肉可以烹饪成其他菜食用。

1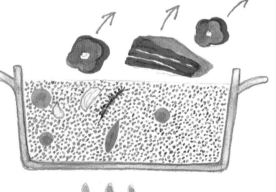

首先在汤锅里放点油，将肉的两面煎得金黄后，放入各种蔬菜和香料。水不需要太多，只需要覆盖至肉块的两三厘米高度就够了。

2

慢火煮3小时，但要控制水温，不能沸腾。在此期间，被煎得金黄的部分会给肉汤提供丰富的滋味。千万不能加盐，因为我们需要的是这块肉尽可能地释放出肉的香味。

3

经过3个小时的烹饪后获得口感丰富的肉汤，再将汤中的肉块取出。

4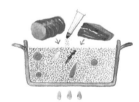

将新的肉块放入锅中，同时加盐。

5

慢火煮肉，但肉汤温度必须控制好，不能沸腾，甚至不能冒泡。这时，基于渗透原理，会产生肉块与肉汤之间的香味平衡。

顶级！

因为肉汤口感已经非常丰富，所以烹饪过程中的肉块在汤锅中损失的香味很少，这就是知名厨师长们能提供美味煮肉的秘诀。

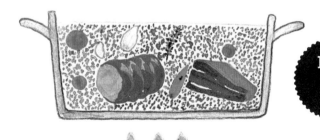

做出完美的禽类水煮肉

　　我知道，好像透露的厨房秘密有点多了，但我真忍不住跟大家分享。在做禽肉的时候，比如鸡胸肉，通常会做得很干硬，这是因为这块肉的烹饪时间太长了。事实上，禽类的胸肉不需要太长的烹饪时间。

为了能让胸肉的烹饪过程慢过腿肉或翅膀，在煮锅里倒入水或者肉汤的时候要注意液面高度。液面高度不能超过鸡腿的高度，这是要说的第一个秘密。

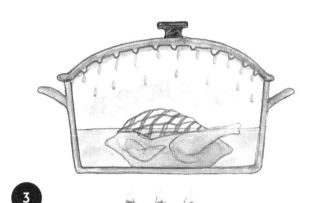

在鸡胸位置最好放一块干净的布，然后再盖上锅盖。

在加热过程中会产生蒸汽，蒸汽会附着到锅盖上，然后凝聚成水再落到布上，所以鸡胸肉会被缓慢地蒸熟而且不会发干。这块布吸满了热量和水分，它的温度要比其他部位的汤和水温度低很多。这种做法其实很简单，不是吗？

为什么隔天的煮菜会更好吃？

　　法式炖肉火锅或白汁炖小牛肉这类菜最好是第一天做好，第二天吃。在烹饪时，很多纤维会紧缩，于是肉的表面会出现很多凹凸。肉汁会附着在这些凹凸部分，并逐步渗入。第二天吃的时候，其实每一口肉中都含有夹在纤维中的很多肉汤，于是觉得肉吃起来更多汁。

　　这就是为什么通常隔天吃这些菜肴会感觉更好吃的原因。

烹饪结束后，许多纤维会紧缩，表面产生很多凹凸。肉汁会渗入这些凹凸内并吸附在上面。

别热也别冷

　　通常人们会读到："将肉放到热汤中，这样肉会紧缩从而避免肉汁的流失。"事实上，即便是在烹饪中肉块紧缩了，它也一样会失去肉汁。著名物理化学家，分子料理创始人之一埃尔维·提斯曾经做过一个实验。将一块肉切成两半，一半放入热汤中煮，一半放入冷汤中煮。每隔15分钟，他会取出两块肉，擦干然后用秤测量肉的重量，如此反复到15个小时的烹饪时间。结果是两块肉的重量没有任何区别，无论是在热汤中煮还是冷汤中煮。

炖肉

炖肉这种烹饪方式由来已久，人们最早将锅直接埋在炭火余烬中，
利用余热来做熟锅里的肉。今天则完全不同了……

最原始的方法

热力辐射、对流和传导这三种方式的组合造就了炖
肉这种出色的烹饪方法。烹饪开始时，炭火余烬热力较
大，所以会将锅中肉块煎得焦黄，然后余烬热力下降，
它会在低温情况下将肉块做熟。

肉块上方部分也会因为锅盖
凝聚的热力传递而变熟。

必须要保证锅盖的密闭
性，这样才能保证锅里
的热蒸汽不会散失。这
种热蒸汽源自肉块中的
肉汁，蔬菜中的水分和
锅里的少量水分。

需要向锅里加水，但不
能超过1厘米高，随后
加入各种蔬菜。肉要放
在蔬菜上方，不与水或
汤接触。蔬菜在烹饪过
程中会产生很多蒸汽。

整个肉块在一个很湿润的环境
下，这也避免了肉被烤干，同
时也缩短了烹饪时间。

现在的炖肉

现在的炖肉方式主要是靠煤气炉或电炉，很不幸的是
这种方式只能为炖锅底部供热。炖锅里靠上部分的肉是用
蒸汽蒸熟的，这与最原始的方法一样，但缺少了烤成金黄
色泽的可能。同时为了避免锅内底部的肉被做得过熟，人
们会在锅里加很多水，于是肉的滋味被稀释了，最后还得
靠收汁来增加浓度。

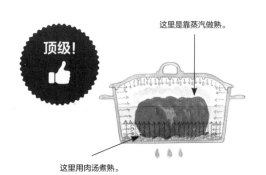

这里是靠蒸汽做熟。

顶级！

这里用肉汤煮熟。

两把通往成功的钥匙

炖锅的质量

炖锅必须用铸铁的类型，且尽可能用黑色的，因为黑色可以更好地吸收及释放各方向的热量。锅盖必须能最大程度保证密封性，这样才能避免蒸汽外露，锅里水分流失导致肉变干硬。

并且为了能放进烤箱使用，炖锅也必须是铸铁的。

请用黑色的铸铁炖锅！

铸铁炖锅会吸收热量，而且比较均衡地从锅底和锅边释放热量，烹饪过程会比较均匀。

不锈钢锅只能从底部传递热量，周边不传热。

可以用烤箱做炖肉，但不能将炖锅随意放置

为了能做出一锅好吃的炖肉，建议将炖锅直接架在烤箱里，而不是放在烤盘上。而且位置越高越好，这样锅盖能尽可能快地传递热量。

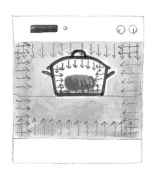

在烤箱中，炖锅全方位地吸收了传递过来的热量。随后要记住的是，锅中的肉块更偏于炖锅底部而不是顶部。因此，为了均衡锅中的烹饪热量，炖锅的锅盖必须释放出更多的热量才能达到与锅底一样的效果。所以要尽量把炖锅在烤箱中的高度调到最高。

顶级！

"锅盖也有它的重要性，必须严丝合缝地盖好炖锅。"

用老方法密封炖锅

为了能完好地密封住炖锅，最简单的方法是自己弄块面团，揉好后夹在锅盖和炖锅之间。在温度的作用下，面团会膨胀，完好地密封住炖锅。这就是最古老的密封炖锅的方法。

因为面团的密封作用，炖锅里会保留很多水分，而且压力增加得并不多。在这个湿热的环境下，锅里的肉不会变得干燥。因为密封得好，烹饪时间也会缩短。

准备一块密封面团，仅仅需要面粉、一个鸡蛋的蛋清和一点水。

炖肉的艺术

事实上有两种做炖肉的方式：深色的和白色的。这又是怎么回事儿？

深色炖肉

深色炖肉的意思是在放入炖锅前要先把肉的上下两面煎得金黄，这样做的结果是最后肉的香味会更为突出。

在炖锅里把肉的上下两面煎好后，立即取出肉，在煎锅里放入蔬菜及各种调味香料。蔬菜和香料在锅里至少要有2—3厘米的高度。

随后，把肉再放在蔬菜上，加水或肉汤（比如牛肉或鸡肉汤）覆盖到蔬菜高度。我知道这要求有点过于精准了，但只有这样才能做出一锅真正好吃的炖肉。然后，将其放到烤箱里。

白色炖肉

其实过程是完全一样的，只是少了将肉两面煎得金黄的步骤。白色炖肉主要用于禽类肉或色泽偏白的肉类的烹饪。

炖锅里的汤汁饱含滋味，同时因为密封的原因，锅内始终是潮湿的。烹饪过程比较均匀，肉不会被烤干。

煎成金黄的肉会给锅里汤汁带来更多香味，但因为本身锅里汤汁并不多，所以味道会更显突出，这才是成功炖肉的秘诀。

因为有蔬菜垫底，所以肉块不会直接与锅底接触，肉底部不会熟得很快。

"肉并不是浸泡在汤汁中，而是通过蒸汽做熟。"

是炖肉还是煮肉？

千万不要用汤水覆盖锅中的肉块，如果这样做了，肉就不是通过锅里的热蒸汽蒸熟，而是通过热汤汁煮熟的，这就会产生不同的口感和香味了。

很少的汤汁=炖肉

汤汁与肉高度一致=煮肉

汤汁高度是肉的一半=半煮半炖

杂烩炖肉

杂烩炖肉是炖肉烹饪方式的一个延伸，
要将整肉切成大块来加快烹饪时间。

烹饪方法：

1

与炖肉方法一样，也是有"深色杂烩炖"和"白色杂烩炖"两种方法。但"白色杂烩炖"的制作要稍微复杂一些，主要是"让肉块变硬"。简单地说，就是肉在煎制过程中还没变色为金黄但因为外部纤维收缩而变硬的状态。

硬化=
把肉变硬

2

在炖锅里放蔬菜香料和放汤之前，要撒一些面粉，使得汤汁能更浓厚一些。

3

杂烩炖的最大优势就是能缩短烹饪时间。

4

这种烹饪方式会出现的最大问题是汤汁口感有些淡薄，所以别放入过多的汤水。炖锅里的肉绝对不能被汤水完全覆盖。

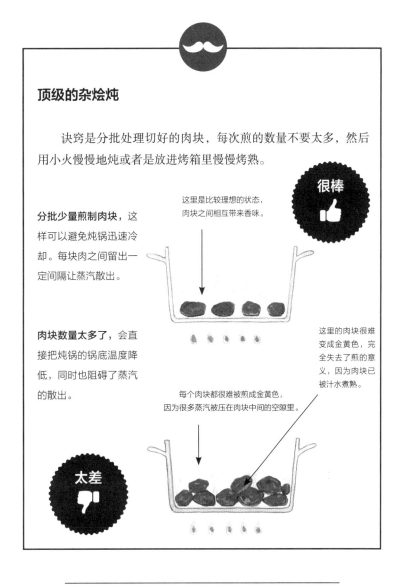

顶级的杂烩炖

诀窍是分批处理切好的肉块，每次煎的数量不要太多，然后用小火慢慢地炖或者是放进烤箱里慢慢烤熟。

分批少量煎制肉块，这样可以避免炖锅迅速冷却。每块肉之间留出一定间隔让蒸汽散出。

这里是比较理想的状态，肉块之间相互带来香味。

很棒

肉块数量太多了，会直接把炖锅的锅底温度降低，同时也阻碍了蒸汽的散出。

这里的肉块很难变成金黄色，完全失去了煎的意义，因为肉块已被汁水煮熟。

每个肉块都很难被煎成金黄色，因为很多蒸汽被压在肉块中间的空隙里

太差

"简单地说，如果想成功地做出杂烩炖肉，就不能将肉块切太大或放太多。"

从内部观察
一块肉排的烹饪过程

在烹饪肉排时，其实会发生很多我们都没想到的事情。
烹饪中肉排会翘立起来，会肿胀起来然后再收紧，
还有一部分肉排的肉是被自己的汁水煮熟的，一起来看看吧。

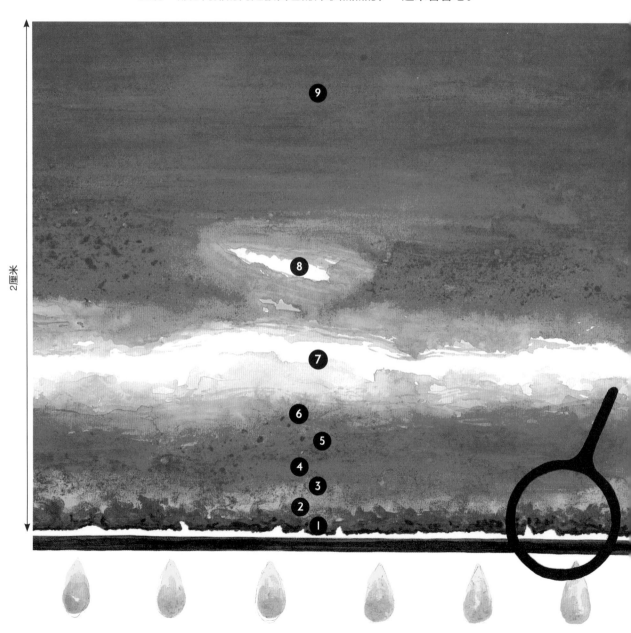

2厘米

1 被煎得金黄的部分其实是很薄一层，大概是1/4毫米的样子，不会再多。

2 肉的颜色从红色变成熟栗子色，这是因为肌红蛋白改变了颜色。

3 麦拉德反应也仅仅是在约半毫米的厚度上进行的。

4 肉排中含的水分在烹饪中都可以达到沸腾状态。

5 肉排中的水分转化成蒸汽，肉会因失水变干，温度可以达到140—160℃。但只要肉排内部还有水分，基本温度就不会超过100℃，因为水温不能超过这个温度。

6 油脂在烹饪中熔化，给肉排带来出色香味。实际上是不同品种动物油脂的品质决定了肉排的质量。

7 肉的颜色基本变白，其实是种假象。人们以为是变白了，实际是水蒸气将部分蛋白质凝结产生的白色，虽然看上去是白色，但实际不是。

8 热度在肉中的渗透速度不是很快，即便达到了烹饪时间，一块4—5厘米厚的肉排上部依然不是很热。

9 烹饪中产生的一部分水汽会蹿入肉纤维缝隙，因为热力向上走，所以会将肉排部分吹鼓起来。

肉排的硬壳会锁住肉汁，这是真的吗？

不用相信那些跟您讲述在烹饪过程中形成的硬壳会锁住肉汁的理论。这个硬壳并不是不漏的，有几个原因：

煎肉排时会看到白烟冒出，这是水分从肉排底部穿过硬壳与热力接触，转变成水蒸气释放出来。

烹饪后，在做肉排的炊具上往往还会有残留的肉汁（这就是有时候会冷冻一下炊具收回些肉汁的原因），肉汁是穿过硬壳残留在炊具上的。

在炊具中醒肉（放置降温）后会在肉排周边产生一丝残留的肉汁，这也是因为肉汁会穿过硬壳。

蒸汽

在烹饪过程中，肉中包含的一部分水分会转变成蒸汽，这些蒸汽从肉排底部渗出来。从水到蒸汽的转变过程体积会产生巨大变化，膨胀为原来的1700倍。在肉排底部的蒸汽能量是极大的，甚至可以时不时地顶开肉排，从肉排底部释放出来。

硬壳

肉排表面逐渐形成一个颜色很漂亮的硬壳，同时因为麦拉德反应也会产生很棒的香味。这个壳越厚越干，烹饪过程中的热力就越难进入到肉排内部。相对而言，不是将烹饪的温度调得越高，您的肉排就会熟得越快，而是熟得越慢。

炉子

平底锅的温度在180—200℃左右，水蒸气的温度是100℃，所以水蒸气会把平底锅的温度降下来。正因如此，在平底锅内放上肉排后千万不能减小火力。肉排和蒸汽都会把平底锅温度降低，所以更不能将火力关小了，除非是想吃一块没烤成金黄色的肉排。

烹饪中是否
要经常将肉排翻面？

这个问题很简单，但是回答却并不统一。

最好的解决方法就是仔细观察两块肉排的烹饪过程，

其中一块仅翻动一次，而另外一块每30秒钟翻动一次。

如果在烹饪中仅仅将肉排翻动一次

上部： 没被加热，也熟不了。
下部： 刚开始加热变热，硬壳开始形成。

上部： 没被加热，也熟不了。
下部： 继续加热，硬壳越来越厚，热力上升很慢。

上部： 没被加热，也熟不了。
下部： 硬壳变硬变厚并开始阻碍热力上升。肉排开始有点温度，但紧贴硬壳的部分开始变得干硬。

上部： 已经开始形成的金黄色部分开始变凉，而下部刚开始加热。热力继续向肉排中间部位渗入。
下部： 肉开始加热，开始变熟，硬壳开始形成。

上部： 表面继续变凉，热力继续向下走。
下部： 肉排还在继续加热变熟，但同时也开始变干。硬壳开始越来越厚，热力上升很慢。

上部： 肉排表面基本是凉的，表层下面也开始变凉。
下部： 硬壳变硬变厚，热力上升缓慢。

硬壳下面一层已经熟过火了，非常厚。很令人遗憾，因为这基本是肉排厚度的1/3了，肉质干硬，纤维扎嗓子。而这仅仅是为了让肉排中间部分能够到达一定温度。唉，这块肉真的配不上您的口感，真配不上。

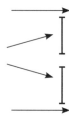

硬壳非常厚，扎口。→

这部分很干，熟过火了，非常厚。→

硬壳非常厚，扎口。→

> " '经常翻一下肉排，会使得烹饪过程更为均衡' '别常翻动，一次够了，这样会烤得很金黄'，听到这些矛盾的言论，真是太让人惊讶了，尤其是因为这是能通过实践来甄别的。"

如果将肉排翻动多次

上部： 没被加热，也熟不了。
下部： 开始被加热，开始变熟，硬壳开始形成。

上部： 没有加热，也熟不了。
下部： 继续被加热，硬壳越来越厚，热力持续上升。

上部： 表面温度很高，热力渗入到肉排中，但还不足以将肉变熟。
下部： 开始被加热，开始变熟，硬壳开始形成。

上部： 第二次翻动后加热温度开始渗入到肉排中，但不足以将肉做熟。
下部： 还在继续加热变熟，硬壳开始形成，并且越来越好。第一次加热后的热力将继续渗入到肉中，但不足以将肉做熟。

上部： 第一次加热后的热力继续渗入到肉中，不足以将肉做熟，但第三次加热的热力开始渗入。
下部： 硬壳继续形成，热力上升。第二次加热的热力继续渗透到肉中，但不足以将肉做熟。

硬壳下面一层熟过火了，但这一次还是很薄的壳。整个肉排已经热了，甚至是肉排中间也熟了。硬壳是酥脆的，基本上整块肉排的加热程度比较均匀。肉排依然有很多汁，还很柔嫩。

硬壳干了，很薄、酥脆。

过熟发干的部分还是很薄的一层。

硬壳干了，很薄、酥脆。

结论

每30秒钟翻动一次肉排会获得更好的烹饪结果，
过熟的部分很薄，整块肉排温度很高，柔嫩多汁。

用肉汤浇汁

厨师长们反复说，肉店的人也在讲，菜谱里也写着：

"烹饪过程中一定要浇汁，这样才能滋养肉块入味。"

噢，如果大家都这么说，那肯定是真理吧。问题是，实际上真不是这么一回事。

这又是个错误的观点

您肯定看见过这样的画面：厨师长们从平底锅或炖锅底舀出汤汁，浇在烹饪中的肉上。您估计都记不清听到过多少次这种说法：烹饪中要给肉块浇汁保嫩。

这个浇汁过程肯定是需要的，但肯定不是为了"滋养"肉块，这是个完全错误的想法。

浇汁是不能入味的

当您在家时，外面下雨了，楼外肯定是湿的。如果楼层低，您还能看到屋顶的雨水汇成小溪流下来。但您在屋中肯定不会被淋湿，因为雨水没有穿透屋顶。

换成一块肉，道理也是完全一样的。当给肉块浇汁的时候，是将肉块外表淋湿而不是肉里面，汤汁不会渗入肉里，连1毫米都不会。

与雨水没法从屋顶渗透到屋中一样，浇的汤汁一样不能渗透到肉块里面。

"当我们给块肉浇汁的时候，经常会有油溅出来。汤水在与肉表面的油脂接触时，通常油脂温度要超过100℃，水分会转化成水蒸气在油脂层直接炸开。"

那么当我们给肉浇汁的时候，到底会发生什么呢？

浇汁会加快肉块上方部分的熟成

在烹饪过程中产生的油脂温度通常非常高。当您将它浇到肉块的上方时，油脂会给肉块加热，加快肉的熟成。这时，肉块上下部分将获得更平衡的烹饪效果。事实上，这有点像在烤箱里烹饪，上下方都有受热。

滚烫的油脂浇在肉上方加快肉的熟成。

浇汁会保持肉块的酥脆

这个滚烫的油脂浇在肉上还会有另外的效果，即可以避免肉块上部已经烤得金黄的部分变软，因为肉块本身和空气中含有的水分会将烤得酥脆的金黄肉层变软。通过浇汁您就给肉块带来了"湿润温度"，避免了肉块本身水分的消失并对肉块进行了加热。肉烹饪得会更快些，表面也更酥脆。

肉块还是很酥脆的。

浇汁会给肉带来更多味道

在烹饪肉块的过程中会产生很多肉汁，集结在锅底。通过每次浇汁，肉汁都会或多或少地挂在肉块上，这就是厨师长们经常讲的"滋养"肉块。事实上这些肉汁不会滋养肉块，只是挂在上面了。

肉汁被浇到肉上，增加了味道。

用黄油浇汁

这才是有意思的事情。

这是个疯狂的、非凡的、惊人的秘密，但又能真正的带来更好的口感。具体是指在肉开始有金黄色泽的时候，往肉汁中加入黄油。

先将火关小防止将黄油烧焦，然后加入大蒜、百里香、迷迭香等您喜欢的香料。之后不断地将加有黄油的肉汁浇在肉上，一直到烹饪结束。黄油会在这个过程中带给肉汁更香的口感。这又是一个被泄露的星级厨师长的秘密，他们又会不高兴了。

让黄油溶解在肉汁中会带来更多的香味。

将烹饪好的肉放一会儿

您肯定碰见过在切一块烹饪好的肉时，一刀下去结果汁水横流的情况，不是吗？
为了避免这样的事发生，秘诀就是在肉做好后，拿出来放在一张铝箔纸上，静置一段时间。
但这仅仅是最基本的做法，您还能做得更好。

为什么要醒肉？

先纠正一个错误的认识，醒肉不会让肉更"放松"，肉在烹饪过程中不会紧张也不会受到压力。

在烹饪过程中，肉中包含的一部分水分会蒸发。肉块的表面因为热力作用而变干，因为变干继而变硬。

当我们把肉从锅中取出来，放在铝箔纸上并用铝箔纸覆盖住，远离火力的时候，那些变干的部分会吸收依然保留在肉里的汁水，有点类似吸墨纸会吸收墨水一样。最主要的是，等温度下降些，这些汁水会变得更稠。一旦汁水变得更稠了，在切肉的时候就不那么容易流出了。

在加热过程中，肉块中的汁水会被蒸发一部分，结果是肉变得干硬。从肉块底部冒出的小白烟，实际是肉中的汁水被蒸发的过程。

在醒肉的过程中会发生什么呢？

醒肉之前

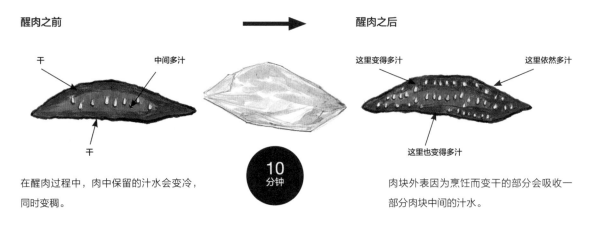

干

中间多汁

干

这里变得多汁

这里依然多汁

这里也变得多汁

醒肉之后

10 分钟

在醒肉过程中，肉中保留的汁水会变冷，同时变稠。

肉块外表因为烹饪而变干的部分会吸收一部分肉块中间的汁水。

应该怎样操作？

方法很简单，从锅里取出烹饪好的肉，放在铝箔纸上简单包好，然后让它静置一下。千万别节约铝箔纸，可以用两三层包裹好，这样会更好地保持温度。

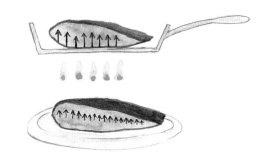

需要多长时间呢？

常言说"醒肉时间要跟烹饪肉的时间相当"，其实这是不符合科学道理的。简单有效的方法是根据肉的厚度来决定醒肉时间：一块不太厚的肉排，5分钟；一块漂亮的肋眼肉排，10分钟；而其他的肉，15分钟就可以了。

越是厚，
热力越大

烹饪的惯性

您会跟我说："这么做的话，等我上菜时肉不该凉了吗？"

骑自行车时，您停止蹬踏后，自行车会马上停吗？肯定不是吧，它还会继续往前走。

在一块肉里包含的热力也是一样的，它像波涛一样传递到肉的内部。当您停止烹饪的时候，它不会马上就停止，热力依然会渗入肉的中间。

醒肉需要选择好时机

烹饪后醒肉是个好方法，十分建议尝试，但您还能做得更好。这就需要另外一个秘诀了——在烹饪结束之前醒肉，不用担心，其实这并不复杂。

烤整鸡

这是在烤整鸡中经常有的一个步骤。最有杀伤力的做法是在烘烤过程结束前将整鸡取出，然后醒15分钟。这期间鸡肉里的肉汁会均匀扩散，变稠。整鸡不会变冷，但鸡皮会变得松弛。这时候把整鸡再重新放回尚有余温的烤箱里，调到240℃，烘烤10分钟来重新使鸡皮变得酥脆。

其他类型的肉

对于其他类型的肉，其实也是一样的。在烹饪结束前取出静置一下，表皮部分会受潮变软，这样不好。于是我们再使用这个小技巧，在醒肉之后，把肉重新放在烤盘、平底锅上或直接送回烤箱，用高温来将外皮再烤焦脆。

如果是在烹饪后醒肉，烤得很焦脆的外皮会因为吸收了不少湿气变软松弛，而这些湿气来自肉的中心部分。

顶级

如果我们在烹饪结束前先醒整鸡，然后再放入温度很高的烤箱中。鸡肉中的肉汁在这段时间内会变稠，从而更均匀地分布在肉里，同时再次烘烤也能让表皮变得酥脆。

让肉保留更多汁水

除了将准备烹饪的肉用盐腌一下这种传统方式外，
还有一个绝对神奇的技巧，能使肉变得更柔嫩更多汁。
但值得注意的是，这种技巧与常识相违背。事实上，是给肉块扎针。

为什么肉在烹饪过程中会失去水分？

您是否曾经用全自动洗衣机洗过毛衣呢？无论温度设定在60℃，还是用棉布料的程序清洗，结果都是毛衣缩水变小了。

这正是在做肉过程中会遇到的问题，胶原蛋白会在烹饪过程中紧缩，就像用高温洗毛衣一样。在紧缩过程中，胶原蛋白会释放出肉中饱含的水分，于是肉在烹饪过程中会变干硬。这就是为什么在点牛排时，如果点六分熟的肉质会比四分熟带血的硬很多的原因。

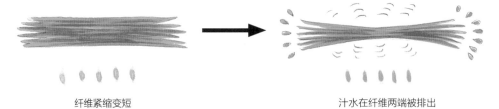

纤维紧缩变短   汁水在纤维两端被排出

为什么要给肉块扎针呢？

当我们用比较粗的针头扎肉时，比如医院注射用针头的粗细程度，会切断肉中的胶原蛋白纤维。在烹饪过程中这些被割断的纤维变形幅度比较小，所以排出的水分也比较少。

因为肉纤维在不同位置被切断，所以紧缩变形幅度较小，排出的水分也较少。

针刺肉的其他效果

在烹饪过程中，有一种蛋白质会变形，这种蛋白质叫肌球蛋白。与肉中的汁水互相混合后，肌球蛋白使得汁水更浓稠。正因为汁水更浓稠了，所以更不容易流失，肉块会更加多汁。这种反应方式在用高温做烧烤或整块烤肉时尤其明显。

> **"在烧烤时，您在肉上扎的针眼也会让炭火烟雾中的香气更好地进入肉块中，从而带来更多香味。"**

怎样给肉扎针呢？

为了能扎出效果，必须将针垂直于肉纤维扎进去。在此前要观察一下买来的肉，您肯定能看出纤维的走向，它们像一些细微管道一样，面向同一方向。为了让您更明白，下面用几个图说明：

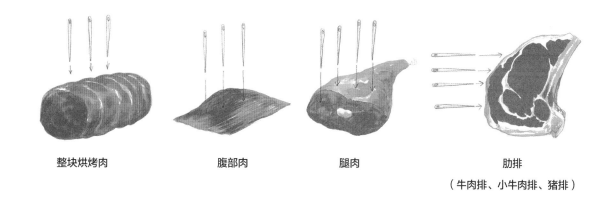

整块烘烤肉　　　　腹部肉　　　　腿肉　　　　肋排
（牛肉排、小牛肉排、猪排）

红色的汁水是血吗？

这又是一个需要更正的错误说法

经常会听到这样的说法，即别用针扎肉，避免流出血，不是吗？

但是事实上从外面买来的肉里是没有血的，一点都没有。禽畜们在被宰杀后已经被放过血了，所有的血已被抽空。肉里流出的汁水也许是红色的，但这肯定不是血。

使汁水变红的蛋白质：肌红蛋白

肉之所以红是因为一种蛋白质：肌红蛋白。同样也是肌红蛋白染红了肉汁。

肉的颜色深浅取决于肉里的肌红蛋白的含量，食用牛含有少许，而小牛、鸡和火鸡的肌红蛋白含量更低。也是这个原因，一块牛肋排的肉汁是深红色的，而小牛肋排是粉色的肉汁，鸡肉或火鸡的肉汁则是透明的。

等下次您的孩子们喊"好恶心啊，我吃的肉里有血！"时，您就可以这样给他们解释了。

肉汁的颜色取决于肌红蛋白的含量

肌红蛋白与肉汁的关系就好像杯子里的水和石榴汁，石榴汁比例越高，水的颜色越深。肉里的肌红蛋白越多，颜色也越深。

如果水里加一点石榴汁，水的颜色是淡粉色的。
＝
肌红蛋白比例较低，肉是粉红色的，比如小牛肋排，静置后流出的肉汁是淡粉色的。

如果在水中加很多石榴汁，水的颜色就变成深红色的。
＝
肌红蛋白比例较高，肉会变成深红色，比如牛肉肋排，它的肉汁颜色就是深红色的。

如何获得
更多的肉汁？

当您在烹饪买来的肉时，会有很多肉汁释出，人们一般称之为"分泌物"。
从肉里分泌出来后，这些肉汁里会带着很多香味元素。所以千万别浪费，否则损失就太大了！

使用平底锅、煎锅

在与加热的锅底接触时，肉会释放出很多汁水。水分会继续蒸发，其中的香味元素集聚，肉汁也被烤成金黄色，这个过程我们一般称为"焦糖化"。在多数情况下煎肉的部分纤维会与这些焦糖化的肉汁混在一起，散发出更多的香味。

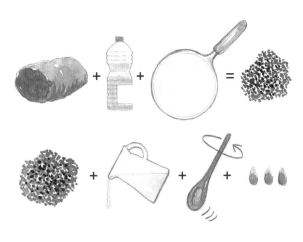

获得更多肉汁的窍门

煎肉之前，在肉的表面刷一层薄薄的油，这会增加麦拉德反应，产生更多的肉汁。仅仅需要一层薄薄的油，类似保鲜膜一样，油如果过多反倒就不是煎而是油炸了。

要使用适当的炊具，那些号称不粘锅的平底锅和煎锅对于肉汁的产生没有作用。而恰恰是因为不粘，所以肉较少接触锅，而且通常这种材料也不能产生更高的受热温度。用铁锅或不锈钢锅会产生不少肉汁。

收回肉汁不浪费

取出肉块，往锅底加点水，这样焦糖化的肉汁会分解成微小颗粒，其中还包括粘在锅底的一些肉纤维。小火煮2—3分钟，在这期间需要刮一刮锅底。

用水煮

在煮肉过程中，一部分肉汁会渗透到水里。

顶级！

获得更多肉汁的窍门

在煮肉前先煎一下肉块，肉汁会因此分散出来，给汤汁带来很多香味。

关于煮肉的水是否加盐的问题：如果不加盐，肉中的部分肉汁会渗透到汤汁里，这样会有一锅很香的汤；相反，若您希望有一块很有滋味的肉，在开始煮肉的时候加入一些盐，这样会延缓肉汁向汤汁的渗透过程；如果您希望既有好汤又有好肉，那么在烹饪的中间阶段再加盐。

用烤箱

当您在烤箱里烹饪肉时，依然是同一原则：肉汁会在肉块表面产生，并流向容器底部。

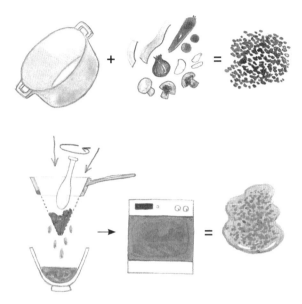

获得更多肉汁的窍门

在放入烤箱前给肉涂层油：

与煎肉相同，只需要薄薄的一层油就够了，这样就能产生很多的肉汁。当您给肉块浇汁的时候，容器底部汤汁中的肉汁又被浇在肉块上了。

在肉店跟他们要些碎肉：

也是需要轻涂一层油以后放到烤盘或炖锅锅底，它们与肉块一起会烤得金黄，并产生很多肉汁。

在此基础上您可以再加上很多蔬菜和调料，比如胡萝卜、洋葱、蘑菇、大蒜和百里香等，它们也会刺激产生更多的肉汁。

选择合适的炊具：

烤盘的材质非常重要，生铁和不锈钢的烤盘会使肉产生很多肉汁，而且很快。但使用陶瓷和玻璃材质的烤盘时，肉汁就少了很多。

收回肉汁不浪费

将肉块取出，在烤盘上加入几汤勺水，然后轻微刮几下。再将烤盘放回烤箱加热5分钟，用漏斗过滤一下，收回汤汁。如果有必要也可以将香料捣碎再过滤，这样就一点都不浪费了。

用炖锅

肉块会很自然地产生肉汁，流到锅底。在烹饪中，肉汁蒸发的水分凝聚在锅盖上然后再回落到肉上，于是又将香料元素带回。放在锅底的蔬菜和香料也有助于产生更多香味元素和液体，与肉汁混合。

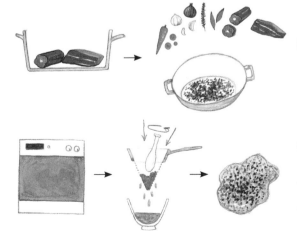

获得更多肉汁的窍门

首先要将肉块煎一下再放入炖锅，产生的肉汁会稀释在锅内的液体中，加上蔬菜和香料后放回肉块，再进烤箱。

准备铸铁炖锅，铸铁炖锅会环绕释放热力，增加肉汁量。

收回肉汁不浪费

烹饪结束后与在烤箱烘烤一样，将炖锅里的液体过滤一下，有必要的话再捣碎一下。然后将液体倒回炖锅，放在火上加热5分钟到10分钟收汁，以便获得更浓厚的汤汁。

热冲击的故事

人们经常会在美食书籍上读到："在烹饪肉之前30分钟，将肉从冰箱取出，避免在烹饪过程中产生热冲击使得肉变硬。"然而，这种说法是错的。

肉的自身温度不起决定作用

下面两个例子将说明这个说法的错误性。

场景1

从您的冰箱里取出肉，随之放到常温环境下保持1小时，然后用240℃烤盘进行烧烤。

热冲击的计算方式是：240℃-20℃=220℃

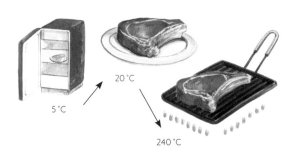

场景2

从您的冰箱里直接将肉取出后放到200℃烤盘烧烤。

热冲击的计算方式是：200℃-5℃=195℃

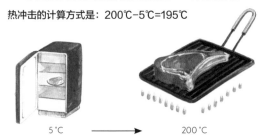

从冷藏环境直接到烧烤环境，肉受到的热冲击反而比放到常温环境后再烧烤的冲击量要小，且肉块吃起来依然柔嫩。事实上，重要的不是初始温度，而是烹饪温度。

热冲击会让肉烤得更好

实际上人们在烹饪时寻找的就是热冲击，解释一下。

选项1

当您做一块牛腩的时候，您会把肉放在一个温热的平底锅里还是很烫的锅里？当然是很烫的，甚至是滚烫的，只有这样才能把肉煎得金黄。

与滚烫的平底锅接触，牛腩才能被煎得金黄而且表面酥脆。

实际在不知情的情况下，您寻找的也是通过热冲击来将肉的表面"焦糖化"。

选项2

如果您选择在一个温热的平底锅里煎这块牛腩，您所获得的热冲击相对也比较弱。

用一个温热的平底锅来做牛腩，肉会熟，但不会酥脆又好吃。

直接说吧，您是喜欢通过热冲击获得的酥脆好吃的肉呢，还是低冲击获得的软软的肉？

根本不是热冲击使得肉变得更硬，而是需要热冲击来获得一块烤得金黄又多汁的肉。

事实上，肉块在烹饪中变硬是因为肉中的蛋白质遇热后开始变形，排挤出肉中的水分。正是因为这点，做肋排类肉的时候，总是会出现煎得比较熟的肉比带血的肉硬很多的情况。

干燥和湿润状态下的温度

把手伸到温度很高的烤箱里几秒钟，但手不会被烫伤。
而在一个沸水上方，哪怕是一秒钟，
甚至整体温度还低于烤箱温度的情况，伸手结果可想而知。
这两种情况的区别在于热传递系数，我来给您解释一下。

举两个例子来说明

1 如果您做清蒸鸡的话，在温度90℃情况下，大概需要1小时15分钟到1小时30分钟。同样是90℃温度，如果改用烤箱，同一只鸡需要6个小时的时间做熟。无论是哪种烹饪方式，鸡都是用90℃温度做熟的。**差别在于清蒸的湿度大，使得烹饪时间缩短。**

2 将一瓶桃红葡萄酒放在冰箱里，大概需要1个小时的时间才能把这瓶葡萄酒的温度降低。把同一瓶酒放到冰水里，15分钟后葡萄酒的温度就已经冰凉。**这也说明水比空气更容易传导热量。**

这是什么原因呢？

空气对热量的传递效果非常差，以至于很多时候墙里会留出空间，用空气做隔热材质。

带有一定湿度的空气，传递热量的效果非常好，有一个"热传导系数"说的就是如何测量热传递。

您需要知道的是，潮湿空气传递热量的系数是干燥空气的1000倍。

应该怎样操作呢？

这才是最有趣的地方！用烤箱烤肉的时候，如果在烤箱底部放置一盘热水的话，烹饪时间会缩短很多。这盘热水会带来水蒸气，从而增加热量传递，加快烹饪。

在烹饪结束前，打开烤箱门，放出烤箱内的湿气。然后将烤盘放好，为最后酥脆金黄的效果做冲刺。

这又是一个只有厨师长才掌握的秘密。

是否可以用水蒸？

当您打算用清蒸的方法做肉（丸子、小块肉等）的时候，您一定要注意托盘摆放的位置。距离水面至少要有几厘米的距离，确保正好在水蒸气范围的高度，放置过高会到水雾层。同样数量的肉，托盘摆放位置的高低可以决定烹饪速度的快慢。

水蒸气与水雾

人们通常容易混淆水蒸气和水雾。

从一个沸腾的水锅上面飘出的白烟不是水蒸气，而是水雾。水雾能被人们看到，因为它是由颗粒微小的水形成的。

水蒸气是看不到的，因为是热空气与气体状态水的混合。

告诉我您的厨房在哪里，
我来告诉您怎样烹饪！

大多数菜谱上会提到温度和烹饪时间，它还是有用的。
但是这些温度和烹饪时间的数据是需要根据地点和季节进行细微调整的，
您之前了解吗？

先上节简单的物理课

海拔高度越高，水的沸点越低。同时，一旦水开始沸腾，水温也不会再上升了。

因而，越是在海拔高的地带煮肉或炖肉，烹饪时间越是要延长。如果在海拔2000米高的地方做一个法式炖肉火锅的话，它的用时要远远超过在海边做同样的菜，这是因为高海拔地带水沸腾的温度一般不超过93℃。

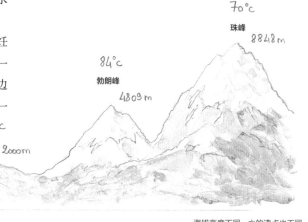

海拔高度不同，水的沸点也不同

在山区

山区的空气要比海边的干燥，所以在用烤箱烹饪的时候也要考虑这个因素，干燥空气的热传导能力要弱于湿润空气。

另外一个差异是，因为山区空气干燥，肉表面变干的速度快，能很快变得金黄，但肉内部的变化并不大。

所以在山区用烤箱时，烘烤温度最好比在海平面时的温度设定得低一些，同时烹饪时间也要稍微长些才能获得多汁的烤肉。

最后，受海拔高度影响，人对香味的辨别能力也会受到影响，因为口腔和鼻腔要相对干燥。对部分人而言，需要增加更多的盐才能感觉到味道，而另外一些人则不需要。也是因为这个原因，飞机上的餐饮口感更为厚重一些，这也是为了转移我们对盐的感受。

在潮湿地区

带有高湿度的空气热传导能力好，因此如果您用烤箱烹饪肉食的话，烤箱中的空气湿度大，需要的烹饪时间会短些，但这样一来肉也很难被烤得金黄。

以纽约为例，冬季空气非常干燥，而夏季非常潮湿，这个空气湿度变化对烹饪时间会产生影响。在冬季，同样的羊腿或整鸡烘烤时间要比夏季多出10分钟，尽管是同样的烤箱和同样的烘烤温度。

做汤时要不要加骨头？

通常会听到这样的说法，在做汤时要加些骨头，这样能给汤汁带来更多的香味。
但这些骨头是真的会给汤汁带来味道呢，还是只是"烹饪习惯"？

靠骨头中的什么来添味？

骨头中含有90%的钙，而这些钙经历百年之后都不会分解，更不会在几个小时内溶解于水中。因此骨头肯定是不会给汤汁带来味道的，那么到底靠什么给汤汁增加味道呢？

骨头中间

骨头与骨头并不相同，有的比较短，有的长，有的是肋骨……在那些长骨头，特别是肢干的骨头和肋部骨头中有骨髓，正是这些骨髓给汤汁带来很多香味。

骨头表面处

骨头上通常会有很多的肉纤维，虽然量很少，但至少也是有几克的。

骨头两端

关节部位的骨头多数是有弧度的，带有一层软骨。它也可以给汤汁带来香味和质感，有点类似肉冻，因为溶解的胶原蛋白带来了香味和质感。

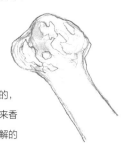

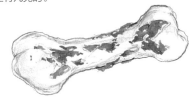

应该怎样操作呢？

如果简单地把骨头放在汤里煮，哪怕是最好的骨头也没什么意义。最关键的一点是在放骨头之前，把骨头烤焦，这样才能给汤汁带来味道。

在骨头上刷层薄膜般的油，随后放到温度为200℃的烤箱里烤制1小时。经过烤制后，骨髓开始溶解并释放出汁水中的香料元素。骨头上那些残留的肉纤维和软骨等也已经烤得金黄。可以说，能给汤汁带来香味的骨头已经准备就绪了。

首先放入烤箱 **然后放在汤锅里**

顶级

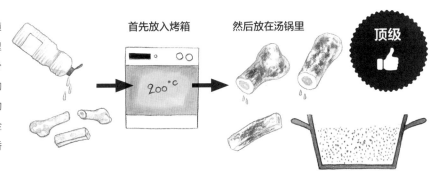

麦拉德反应

麦拉德反应是指还原糖和氨基酸之间的一系列化学反应，但事实上真的不是很难实现。

历史小故事

路易-卡米尔·麦拉德（Louis-Camille Maillard）是位医生，1878年出生于法国，16岁高中毕业，后于19岁获得大学科学学士学位。他后来研究的内容与厨艺没有任何关系，实际上，他研究的是肾脏方面的疾病。他曾经在研究过程中做过一个实验，包括还原糖和氨基酸之间的反应，并发现了其中的关联，这些反应也以他的名字命名，然而这些发明被后人遗忘了很久。到了第二次世界大战期间，美军试图了解为什么给美军士兵的脱水口粮会随着时间推移而变黑。这时人们才发现，其实这是麦拉德反应，于是人们又重新翻出麦拉德的研究成果。如今，不仅美食领域，医药和石化领域也在大量运用着他的理论。

科学解释

不可思议！

在加热过程中，肉中的还原糖和氨基酸会结合在一起，形成新的分子。这些分子失去水分后形成席夫碱，如果继续加热的话，还原糖和氨基酸链会被破坏，失水过程加速，这些都重排组成了新产物阿马道里（Amadori）和海恩斯（Heyns）。随后是斯特雷克（Strecker）降解反应合成氨基酸，给我们带来了那些深棕色物质和活跃的香气物质。

平民的福音

麦拉德反应能给烤得金黄的肉、整鸡和面包硬壳等带来非常好闻的味道。

热度的问题

与人们的常识相反，麦拉德反应可以在常温环境下进行，当然非常缓慢。比如在常温空气中晒干的火腿会带有一种很深的颜色，而这种颜色的产生就与麦拉德反应有关。

当热度上升时反应会加剧，温度每增加10℃，麦拉德反应的数量就增加100倍。

从20℃的环境温度到130℃的肉表面温度，麦拉德反应次数增加了1千万兆倍，不可思议吧！

当肉变干，表面温度超过130℃的时候，麦拉德反应会更迅速。

如果继续给肉表面加热，温度超过180℃（指的是肉表面实测温度，而不是平底锅锅底或烤箱温度）的话，麦拉德反应会消减，取而代之的是新的反应——食材的热分解反应。

您了解热分解吗？其实是自动把您的烤箱清理干净的反应。

用一块肋排来理解麦拉德反应

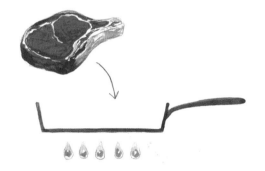

① 把肉排放到滚热的平底锅上。

滋滋

② 在热力的作用下，还原糖和氨基酸结合在一起。结合体开始失去水分，这时候可以看到产生的白色轻烟从锅中冒出。

③ 水分流失，白烟量增加。开始有香气充满厨房，接触热源一面的肋排肉颜色开始变化，从红色转为灰色。

④ 水分继续流失，肉的表面开始变干，同时开始显出金黄色泽。香味越来越大，肉的颜色也从灰色变成漂亮的深栗色，让人胃口大开。

绝对要避免的几种情况

① 热量太弱

当然，如果没有足够的热量，麦拉德反应也比较微弱。您可以试试在一个温热的平底锅里用小火煎一块肉排。在没有引发麦拉德反应和煎得金黄之前，肉已经熟了并开始变硬。

100 ℃
哇!

② 逐步增大的热力

如果您一开始煎肉排时是小火，然后慢慢加大火力，肉排表面的蛋白质会扭曲变形而不会再参与麦拉德反应。所以这样也不能把您的肉排很快煎得金黄，真令人遗憾!

140 ℃ → 220 ℃
没什么可做的，等待中……

③ 水太多

水过多的话也会影响麦拉德反应的启动，也正因如此，绝对不能在液体（油除外）里做整块的烧烤肉或烤整鸡。也同样是这个原因，在炖肉之前，建议把肉先煎一下。

④ 含酸的腌泡汁

肉的酸度也会影响麦拉德反应的启动，正因如此，那些被含有酸性物质的腌泡汁腌泡过的肉，比如用红葡萄酒腌过的，不会在煎的过程中变成金黄色，即便是将肉排冲洗晾干以后再煎也不会。

太遗憾了……

"别再说肉颜色变深都是因为麦拉德反应了，
这仅仅是其中的原因之一，还有很多其他因素。"

> "动用麦拉德反应是为了给肉带来更多的香气和滋味，而且表面会比较酥脆，这与肉内部的多汁形成对比，就好像一块好吃的糖果。"

对于麦拉德反应，我们得记住那些……

顶级

1 需要热量

首先，必须要有热量，很多的热量。一个平底锅、炒锅或烤盘，如果温度达到了180℃，就可以很快地启动麦拉德反应。

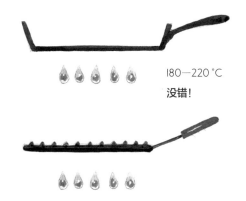

180—220℃
没错！

2 需要油脂

麦拉德反应是基于还原糖、氨基酸和水分而发生的，这在肉中都能找到。但如果我们增添一点油脂，热传导效果会更好，能加快反应速度。正因如此，一块被涂抹过一层油的肉排会比没有涂油的肉排要煎得更好更快。

太聪明了！

3 还得有点水

如同上面刚刚提到的，麦拉德反应需要一点水，但不要太多。肉本身含有70%—80%的水分，而麦拉德反应产生的最佳环境是当水分在30%—60%之间时。

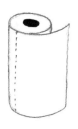

用吸水纸把肉排上的水分吸干，然后煎制。

或提前2—3小时将肉从冰箱里取出，放在一个托盘上，让它的表面逐渐风干。

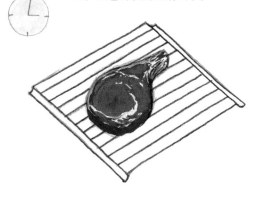

一次完美的尝试……

油脂的妙用！

在烹饪肉的过程中，它的一部分油脂会熔化，继而释放出很多香味。
如果没有这些油脂，可以说无论是牛肉、猪肉，还是鸡肉，
肉与肉之间基本没有口感上的区别。

烹饪中

在做炒土豆时，您肯定会选用鸭油，而不是花生油，这样做是为了给土豆带来些鸭子的香味。您也肯定会用芝麻油代替橄榄油来做蔬菜沙拉的油醋汁，因为这样会给蔬菜沙拉带来些烘烤后的芝麻香味。虽然都是油脂，但香味却很不同。当然，肉的油脂也是一样的道理，肉的香味皆来自烹饪中的油脂。

油脂还有另一个作用，烹饪中熔化的油脂会阻止肉的温度上升太快，进而避免肉变得干硬难吃。比如说小牛肋排或猪肋排就会很快变得干硬，因为它们肉纤维中的油脂很少。

当我们烹饪肉的时候，油脂受热熔化转变，与还原糖、氨基酸和碳水化合物等混在一起，产生更多的新分子。新分子们又会带来一系列反应，其结果是产生新的香味和香气，这些都构成了肉滋味的主体。

烹饪后

在我们口中发生的一切都是很神奇的，口腔会给肉带来更多的滋味。

当我们咀嚼时，口腔充满了肉、油脂和肉汁。

我们的唾液腺开始疯狂地工作，产生更多的唾液。唾液多了，与肉和油脂的混合多了，人们就会觉得这块肉是多汁的，而这仅仅是我们的感觉。

事实上，"肉多汁"的感觉有一大部分是我们的口腔带来的。

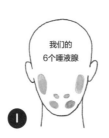

1 在被咀嚼之前，肉自身的香味和香气都很少。

2 当我们开始咀嚼时，牙齿会嚼碎肉块，肉块在这时会释放出更多的香味和香气。

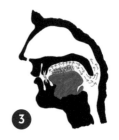

3 我们的6个唾液腺（口腔两侧各3个）开始疯狂工作，产生更多的唾液。

4 唾液与嚼碎的肉混合，唾液量增加，使得肉与肉，以及肉与唾液、味蕾和鼻子的嗅黏膜等的交换表面增加。这时口腔中充满了香味，肉本身的滋味得到放大。

"**50年前**，在做整块烘烤肉时，人们还是用油脂切片把肉包裹起来，这是有原因的。因为当时牲畜多是劳作后宰杀，肉质普遍比今天的更硬些。用油脂切片包裹后烘烤会让大脑产生误解，误认为肉会比实际的更柔嫩。"

不同品种牛肉之间的口味差异主要是因为油脂的差异。如果没有油脂的差异，夏洛来牛肉、安格斯牛肉与诺曼底牛肉之间是没有区别的。

专家之间的讨论

当今，有不少专家在讨论是否应该将"油脂香"与其他基础口感，比如酸甜苦辣咸等相提并论。

对于脂肪纹理的选择

当您需要挑选一块肉的时候，必须挑选肌肉之间有脂肪的那块，就是所说的"脂肪纹理"，这样才会避免挑选到一块平淡无奇的肉。

如果您挑选里脊肉，肯定柔嫩，但香味会比较寡淡。如果您选择一块有脂肪纹理的肋眼肉排，肯定会比里脊更有滋味。

牛肉上脂肪的颜色能反映出饲料的情况：如果脂肪带着些黄色，那么说明牛曾经在草场生活；如果脂肪的颜色很白，那说明它是通过玉米等饲料喂养的。

牛肉脂肪的黄色源自植物中的胡萝卜素，也是它使胡萝卜呈现出橙色。

神奇吧？

对于动物来讲，脂肪是它们的能量储备，尤其是当它们需要进行大量的体力活动又没有太多食料的时候。对于牛来讲，1千克的脂肪所带来的能量相当于汽车里1千克的汽油。

"围绕着一块肋眼肉排的油脂不仅仅是纯粹的动物脂肪，这一层白色物质中有油脂，但也有蛋白质和胶原蛋白。它们组合在一起是很坚硬的，咀嚼起来非常困难。为了能软化些，让它变得好吃，要用针多刺几次，只有这样才能分裂开油脂细胞。"

胶原蛋白是什么？

这也是胶原蛋白，那也是胶原蛋白。
但在我们耳边不停出现的胶原蛋白到底是什么呢？
其实吧，理解起来真的很简单……

胶原蛋白是根绳索

胶原蛋白就好像是绳索。开始时是三根线捆在一起，随后几组线缠绕在一起，不停缠绕下去，直到获得一根非常粗壮的绳索。

通过不断的拼凑缠绕，这些绳索形成一个围绕

着肉纤维的外壳，使得这些纤维能更紧凑地在一起。这些外壳不仅约束肉纤维，也约束肌纤维束，肌纤维束之间互相缠绕，直到将整块肌肉包裹起来。

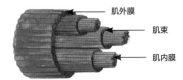

肌外膜
肌束
肌内膜

温度变化下胶原蛋白的反应

在加热过程中，胶原蛋白的外壳会收缩，排出纤维中的水分。

60°C

68°C

100°C

胶原蛋白开始变硬，但还没有收缩，这时基本不排水。

随着温度升高，胶原蛋白不断收缩。

随着胶原蛋白不断收缩，纤维中的水分也不断排出。

怎样能避免胶原蛋白收缩呢？

当胶原蛋白还是很微弱纤细时，快速烹饪会让它很快地溶解，使得肉依然很柔嫩。

但当胶原蛋白很厚又牢固的时候，只能在一个湿度大的环境下用长时间的烹饪来溶解胶原蛋白，转变成可以吸收水分的凝胶，结果肉又变得非常多汁。

正因如此，即便是长时间烹饪，肉也会依然保持多汁。

肉质的嫩与硬，
区别在哪里？

这个问题真是太简单了！
有的肌肉曾经历过很多劳作，有的肌肉比较懒惰，很少劳作。
它们的组成不完全一致，也正是因为这个原因才会有肉质嫩和硬的区别。

肌肉的颗粒度

您听说过肌肉的颗粒度吗？专业人士会用这个词来形容肌肉纤维的架构和大小，也就是纤维的体积。

肌肉纤维的形态与劳作强度以及劳作时间有关，越是比较艰苦且时间又长的劳作，肌肉纤维就越粗越短。

与此相反，一组比较懒惰的肌肉纤维会更细且更长。

粗短纤维组成的肌肉进行过很多劳作，同时也比细长的纤维更难咀嚼，这是肉质嫩和硬的主要差异所在。

胶原蛋白

懒惰纤细的肌肉纤维被一层柔嫩且细的胶原蛋白包裹着，而那些经常参与劳作的肌肉则被又厚又硬的胶原蛋白包裹。因此要根据肉质的嫩或硬来决定相应的烹饪模式（快速烹饪或需要花费较长时间的烹饪）。

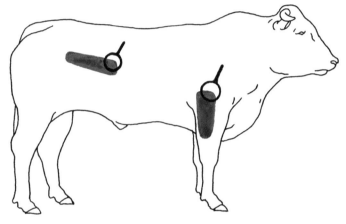

里脊肉
这块肌肉一天到晚也不会做很多活动，真的是懒到家了！

肩部肌肉
这个部位的肌肉要承受动物几乎1/4的体重，而且还要支撑动物的走动。

懒惰的肌肉 = 颗粒细

经常劳作的肌肉 = 颗粒粗

颗粒细 = 胶原蛋白细嫩 = 肉质嫩

颗粒粗 = 胶原蛋白粗厚 = 肉质硬

滋味的故事

肉的滋味真的是通过口腔传递的？
当然！然而当我们的鼻子堵塞的时候，我们会感觉不到任何食材的味道。
确实是这样的，但到底是怎么回事儿？

鼻子若堵塞了便吃不出食物的味道，真奇怪……

在感冒时，大家都有过吃不出食材是什么味道的经历吧？

这时候，嘴里的饭菜是没有任何味道的，哪怕是丈母娘做的最美味的羊腿肉也是这样。然而尽管我们感觉不到这些香味，它们也并不是一下就消失了，丈母娘也不会因此就成为最蹩脚的厨娘。

饭菜里大部分滋味不是被口腔识别，而是被鼻子辨别的。口腔可以识别食物的香味，而鼻腔后部是用来辨别香气的。

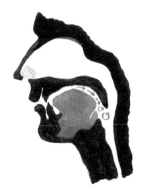

当鼻子堵塞的时候，没有气流流动，香味不能被带到鼻腔黏膜的位置，而是留在口腔底部，因此肉会一点滋味也没有。

其他需要了解的内容

油脂

当您咀嚼一块油脂比较多的肉时，油脂会在您的口腔味蕾上覆盖一层薄薄的膜。这层膜会阻碍您辨别出食物中更为细腻的香味，但同时在口中停留时间更长，就是我们说的"余味"。

于是出现两种选择，要么减少汤锅中的油脂以便能识别出食材更为细腻的香味；要么就保留这些油脂，以便获得更多的余味，尽管说这些余味并不准确。

声音

当我们在咀嚼一块肉的时候，发出的声音也有其自己的作用。遍布在口腔、鼻腔和前额的三叉神经体系可以辨别出牙齿撕碎肉纤维而产生的震动。大脑会分析这些震动，给我们传递出酥脆肉质的信息，同时口腔和鼻腔也会区分出不同的香味和香气。

随着年龄增长，三叉神经的敏感度下降，相关食物的信息被弱化，所以会给出大脑信息提示食物比较平淡，而事实上并非如此。

这一切都挺复杂的。

咀嚼过程

一块牛的里脊肉会比牛腩的香味要少，这是因为里脊肉比较细嫩，所以咀嚼过程比较快。当我们咀嚼时，唾液会分散在食物上。唾液会放大食物提供的香味和香气的物质感觉，所以唾液越多越觉得肉更有滋味。正因如此，同为鞑靼生肉排，人们会觉得用刀切成肉丁做的要比绞肉机做出来的肉丁更好吃。因为切成丁的需要咀嚼，而肉泥几乎可以吞下不需要咀嚼。因此，肉泥鞑靼生肉排没什么滋味。

多感官！

对香味的体验是由口腔的香味识别，鼻腔的香气辨别和咀嚼的感知等共同组成的。

> "当我们咀嚼时，味觉细胞会区分出食物的一部分香味。与此同时，香气会移动到口腔后方，并上升到鼻腔的嗅觉黏膜。"

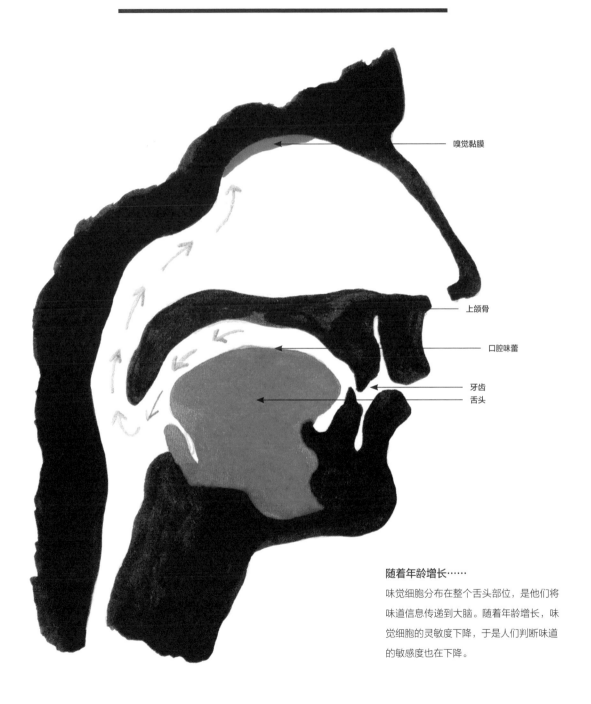

嗅觉黏膜

上颌骨

口腔味蕾

牙齿
舌头

随着年龄增长……
味觉细胞分布在整个舌头部位，是他们将味道信息传递到大脑。随着年龄增长，味觉细胞的灵敏度下降，于是人们判断味道的敏感度也在下降。

如何评价一块肉？

其实描述一块肉的优缺点是件不容易的事情，
但可以从这几个关键点出发。

颜色

滋味

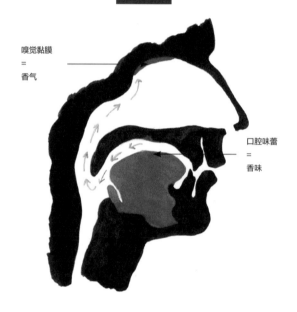

嗅觉黏膜
=
香气

口腔味蕾
=
香味

专家的说法

　　肉能拥有漂亮的红色或粉色等颜色，与肌红蛋白有着直接的关联。肉中的肌红蛋白越多，其红色就越强烈。在保存肉的过程中，肌红蛋白会被氧化成褐色，肉的红色也就变得更深。但颜色也取决于肌肉类别，牛腩比里脊肉颜色深，因为它本身含有更多的肌红蛋白。

为什么在烹饪过程中肉会变色？

　　在加热过程中，蛋白质被转变。比如肌红蛋白就是这样，它从红色变成灰色然后是深褐色。正因如此，我们漂亮的肋排煎熟后外表呈深栗色，比较熟的内侧呈灰色，而不怎么熟的中间部位则呈红色。牛肉的红色要比小牛肉或者猪肉深，因为牛肉包含的肌红蛋白更多（真不是因为肉里有更多的血）。

专家的说法

　　滋味是香味和香气的混合物。当我们咀嚼时，非挥发性分子会产生能被我们口腔味蕾识别的香味。那些挥发性分子被咀嚼动作释放，组成了香气，在口腔中上升到鼻腔嗅觉黏膜。这其实还不够复杂，唾液也有自己的重要功效，它会放大香味而同时又轻微延缓香气的上升过程。

为什么会觉得肉好吃呢？

　　肉的滋味主要来源于肉纤维之间的脂肪和油脂纹理，肌肉之间的脂肪越多，肉的滋味就越棒。

　　在烹饪过程中，一部分油脂会被氧化释放出数量众多的香气和香味，更主要的是油脂会拖住那些想逃跑的挥发性物质。

> **"能够发现这其中的要素真是太重要了，只有这样才能讨论肉质。实际上，肉质不仅取决于肉的本身品质，也取决于肉的品鉴环境。"**

多汁

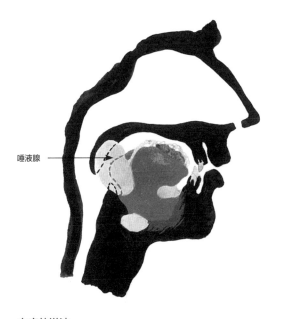

唾液腺

柔嫩

肉硬	肉嫩
（胶原蛋白厚）	（胶原蛋白薄）

胶原蛋白包裹着肉纤维、肉纤维束，甚至整块肌肉。

专家的说法

评价肉多汁与否，就是评估肉在咀嚼过程中的液体总量。肉汁（即肉本身含有的液体量）是第一位的，然后才是唾液量，而唾液量的多少取决于肌肉间的油脂（还有肉的脂肪纹理），因为油脂刺激唾液的产生。

如何才能吃到一块多汁的肉？

说实话真是不难。对于细嫩的肉来讲，需要快速烹饪，做的时间不能长，这样会让肉变硬变干，所以要在火候足的时候快速烹饪。

对于硬些的带有胶原蛋白的肉，则是不同的。这些肉会先变干，然后再吸收丢失的水分，所以小火长时间的烹饪方法最合适。

专家的说法

这其实是胶原蛋白的问题，纤维保护套非常结实，又在肌肉中分成几个层次：肌肉纤维的、纤维束的和整块肌肉的。

肌肉的胶原蛋白越多，肉质越硬。与此相反的是，胶原蛋白越少，肉质越嫩。

但不完全取决于此，肉质硬的原因也包括胶原蛋白的溶解性。肉纤维间的胶原蛋白越多，越不易在烹饪期间溶解，于是肉依然很硬。换句话说，一头老马的硬肉绝对不会变得柔嫩，即便是煮上一天。

如何保持肉的柔嫩度？

嫩肉如果用干式熟成来保存会更柔嫩，但柔嫩度的天敌是烹饪得过火。

菜　谱

法式炖肉火锅

　　法式炖肉火锅的准备工作相当简单，烹饪时间有点长倒是真的。但是冬天，还有别的菜肴能在与朋友一起分享时带来更多的温情吗？为了做出完美的法式炖肉火锅，还是有小窍门可以掌握的……

想了解更多，请关注这几点：
如何选择炊具？
炊具的大小
肉块大小要适应烹饪方式
煮肉的方法
滋味的故事
底汤和汤汁

准备工作需要提前1天开始。
准备时间：30分钟
烹饪时间：食材5小时，汤汁6小时

6人份备料

- 4升牛肉底汤
➔比较理想的状态是专门为这道菜准备底汤，如果烹饪当天来不及的话，也可以提前准备。

- 800克捆绑好的肋排肉
- 800克捆绑好的牛腿肉
- 800克捆绑好的牛腰肉
- 6根腿骨，纵向切开
- 一根大葱的绿叶部分，洗净后纵向切开
- 粗盐

辅菜
- 6根胡萝卜去皮
- 6根小白萝卜去皮
- 12根葱白
- 6个中等土豆

配汁
- 2汤勺传统芥末酱
- 3汤勺新鲜厚奶油
- 海盐及胡椒粉

提前1天

01

将煮锅里的水用中火加热，不要加太多盐，将肋排肉放入水中，煮到冒白烟，但要控制火候，不能有波纹也不能沸腾，只能偶尔冒出一两个水泡。煮1小时后，加入牛腿肉、牛腰肉和切好的大葱叶，再继续煮3小时。

➔ 没有必要加入蔬菜，因为已经有汤汁了。

➔ 肋排肉需要更长的时间来煮。

➔ 如果有肉块冒出水面，请加水后盖上大葱叶。

➔ 在这个温度下煮肉，不会有任何泡沫产生，您买的肉依然会保持柔嫩多汁。

02

关火后凉一阵，然后取出肉块，放进一个容器里。取出大葱叶，用干净的布将汤汁过滤到另外一个容器里。

➔ 干净的布会截取所有在煮的过程中脱落的大小肉块，经过过滤后的汤汁是非常清澈的。

03

把肉块重新放回汤锅中，用大葱叶子盖住那些露出汤面的肉，避免被风干，然后静置到第二天。

04

同时准备带骨髓的大骨头，准备一盆水并加入4汤勺盐后将骨头放入浸泡。

➔ 通过盐水浸泡，骨头上带着的残留血等会被清除，汤锅里不会有不好看的血泡沫。

烹饪当天

05

用一个大汤勺或过滤器取出汤锅里汤汁表面2/3的油脂。

➔ 在夜里，油脂比水轻，会浮出汤汁在表面凝固。这些油脂确实可以带来很多香味，但也会在我们的味觉表面形成一个薄膜，阻碍我们品鉴到其他香味，所以要去掉一部分油脂。

06

从汤锅中取出1升汤汁放进另一个锅里，将它作为调味汁的基础。

07

提前准备好蔬菜。在就餐前1小时时，将汤锅及其中的肉块和汤汁用慢火加热。等锅里的肉块和汤汁变热后，加入胡萝卜，在30分钟后加入白萝卜，20分钟后加入葱白。土豆放在另外一个煮锅内，根据土豆大小，煮20分钟到25分钟。

08

准备调味汁。在煮蔬菜的过程中，把预留出的1升汤汁收汁到类似糖浆状，至少能留有半水杯的量。

→ 在收汁过程中，水分被蒸发，所有的香味被锁住，集中在糖浆般浓厚的汁中。

09

将芥末酱加入调味汁中，小火搅拌2分钟，这样可以去除些芥末酱的酸度。再加入鲜奶油，继续搅拌5分钟，加适量盐和胡椒。

10

将烤箱及一烤盘的粗盐预热到250℃。

11

将带骨髓的腿骨放入预热后的烤盘中，并用粗盐包裹，烘烤15分钟。

→ 这种用热粗盐烘烤腿骨的方法可以使其上下加热速度保持一致，成熟度会比较好。

12

从汤锅中取出肉块，切成漂亮的厚片，然后放到一个预先加热过的盘子上。随后将蔬菜和骨髓骨头取出放在热盘中肉片的两侧。汤锅里的汤汁单独盛到汤盆中，粗盐、调味汁另放在调味碟中。将所有这一切，带着笑容端到餐桌上。

看起来准备及烹饪的时间有点长，但是您的朋友们会为这道菜的神奇品质所折服。

最初的做法

最初，法式炖肉火锅的做法是在菜汤里面加上一小块肉，使得菜汤的味道更好。而炖肉火锅中的肉，过去通常是用老奶牛的肉，产了一辈子奶后，肉硬得像块木头。用这种肉的目的是让肉的味道释放到菜汤里，而肉本身并不是用来食用的。

今天人们依然这样做炖肉火锅，目的是让肉能释放更多的滋味到菜汤里。可是现在的肉已经完全不是当年硬得像木头的肉了，所以如果继续用传统做法，不是有点愚蠢吗？

更聪明的做法

当我们做这道法式炖肉火锅时，肉是在白水里面煮熟的，因此水会吸收肉释放出的香味，变成汤汁。但这些香味是从肉中得来的，最后的结果是，水有了很好的滋味而肉却变得无味。

关键的一步会完全改变法式炖肉火锅的结果，即不要在水里煮肉，而是在底汤里煮肉。这样汤里的香味接近饱和，肉就不会损失自己的滋味，可以继续保持非常有滋味的状态。

做顿牛肋排，
跟伙伴们一起分享

　　和朋友一起分享这个部位的牛肉是场皇家级的享受。但请记住，至少要提前1天晚上将肉用盐腌一下。另外，肉在烤箱烘烤过程中要竖着放，我来解释一下……

想了解更多，请关注这几点：
烹饪温度及厨房温度计
用盐腌制
从内部观察一块肉排的烹饪过程
给肉浇汁
静置肉块
如何获得更多肉汁？
麦拉德反应

提前1天甚至2天先用盐腌制一下牛肋排。
准备时间：10分钟
冰凉处冷置时间：24小时到48小时
烹饪时间：20分钟
醒肉时间：10分钟

4人份备料

- 1.8千克左右的牛肋排
- 2根带骨髓的大骨
- 5头到6头蒜，用刀背压碎
- 10根百里香
- 2根迷迭香
- 100克黄油
- 花生油
- 白醋
- 盐之花、海盐及胡椒粉

提前1天到2天

01

从包装纸中取出牛肋排，然后用一根粗针扎20次左右。

→ 当您用针扎肋排时，肉纤维会断开，于是在烹饪过程中会减少水分流失，您会获得一块更为多汁的肋排。

02

将盐之花均匀地撒满牛肋排，然后放在一个格网上，再放入冰箱，静置8小时到24小时。

→ 这是一个能保持牛肋排多汁的秘密，盐会慢慢渗入肉中，改变蛋白质的结构，从而减少烹饪中蛋白质的排出。

→ 牛肋排的表面也会因此发干，增强麦拉德反应的效用，从而带来更好的滋味。

03

用一根长针从大骨中顶出骨髓，然后放入一碗水中。水中要事先加入一咖啡勺的海盐和几滴白醋，然后静置24小时。

→ 用长针在骨髓和大骨之间慢慢晃动，骨髓会慢慢地自动脱落。

烹饪当天

04

在就餐前一小时时从冰箱里取出牛肋排，这样牛肋排会逐渐变为常温，同时将烤箱预热到250℃。

05

拿出最好的铸铁炖锅（或平底锅，当然最好也是铸铁的，这会帮助产生更多的肉汁），然后将锅加热到冒烟。同时把骨髓切成小块，用手或小毛刷在牛肋排表面刷上一层油。

06

当炖锅或平底锅开始冒烟时，将切成块的骨髓放进去煎2分钟，中间别忘记翻动。放入牛肋排，将有脂肪的一面朝向锅底。随后将各个面都煎一下。

→ 骨髓和脂肪此时开始熔化，这是最为优质的油脂，会给牛肋排带来超棒的香味。

07

当牛肋排表面开始煎出金黄色泽时，从锅里取出牛肋排。然后放在一个大烤盘上，骨头部分向上竖立放置，在烤箱中烘烤最多15分钟。如果您有温度探测针的话，请直接扎到肉的核心位置，当核心温度达到40℃时停止烹饪。千万别扔掉炖锅或平底锅里的东西，它们对完成这次烹饪是很有帮助的。

→ 一般我们在烹饪牛肋排时是将肉平放的，这是错误的。因为肉上下部位的烹饪过程不同，如果是竖放的话，烹饪过程会更均衡。另外，牛肋排上的骨头在烹饪过程中释放出的油脂和肉汁会滑落在牛肋排的表面，带来更多的香味。

08

当牛肋排的核心位置到达目标温度后，将其取出。随后用三层铝箔纸包裹住肋排，放置10分钟。

在这10分钟里会发生三件事：

→ 牛肋排外部比较干的部分会吸收肉排中间的水分，变得多汁。

→ 静置一段时间后，肉排里的肉汁会变得浓厚一些，不至于在切肉时流出。

→ 热量继续在牛肋排内向中心渗入，这会使得中心位置的肉达到理想温度。

09

与此同时，在炖锅或平底锅内放入黄油，用中火炒一下蒜、百里香和迷迭香，顺便好好刮一下粘在锅底的肉丝或肉末。

→ 必须保证火候很小，不能烧焦。

10

静置时间结束后，从铝箔纸中取出牛肋排，放入锅中，并把烤箱中可能流出的肉汁倒回锅里，开始开火煎肋排。每面肋排须加热2分钟，其间迅速将锅里的肉汁跟佐料浇在肉排上。如果黄油颜色开始变深，就向锅内加一勺水。

→ 肉汁浇得多，牛肋排会更香，所以千万别犹豫。

11

将牛肋排重新加热后取出，并切成厚片。将肉片放入盘中，浇上锅里的油汁，撒上盐之花和胡椒。

→ 注意，这样一块好看的牛肋排可不能随便切！应切斜面，切开长的肉纤维，肉纤维变短会比较容易咀嚼，肉也会更柔嫩。

将如此出色的牛肋排摆上桌，朋友之间就有了谈话的主题了。

勃艮第牛肉

一般来说，这道菜是要把牛肉放在红葡萄酒里腌泡一夜，随后煎成金黄色泽，再加些面粉制作。但您可以做得更好，先将肉块煎一下，然后在葡萄酒里浸泡，而面粉也要先烘烤一下再放入炖锅内。

想了解更多，请关注这几点：
肉块大小要与烹饪方法相符
成功腌肉的秘诀
杂烩炖锅
如何获得更多肉汁？

提前2天开始准备，制作的当天完成其他准备工作。
准备时间：30分钟
腌泡：1整晚
烹饪时间：5小时30分钟

8人份备料

- 2千克牛肩肉，切成60—70克的小块
- 2片100克的半咸猪胸肉片，切成中块
- 200克胡萝卜，去皮切成小块
- 2颗洋葱，去皮切块
- 2头蒜，去皮后用刀背拍碎
- 1捆香料（5根香芹，5—6根百里香，2片桂叶预先切两半），用大葱的绿叶包裹好捆绑住
- 1汤勺香菜碎
- 1瓶勃艮第红葡萄酒
- 1汤勺波尔图加强酒
- 1升牛肉底汤
- 4汤勺花生油
- 50克面粉
- 海盐与胡椒粉若干

辅菜
- 300克巴黎生菇（Paris Nettoyés），找个头最小的
- 24颗小个头的白洋葱，去皮
- 2汤勺黄油
- 半汤勺白糖
- 1汤勺巴萨米克醋

提前2天

01
把切成块的牛肩肉放在一个大盘里，随后浇上2汤勺花生油。把大铸铁炖锅用大火加热，将5—6块牛肉块放置其中，每个面都要煎，5分钟后取出放到另外一个大盘中。

→ 如果您同时放的肉块太多，肉块是不会被煎熟的，而是肉块中的水分流出变成煮肉了，并且这部分水分不能被蒸发。

02
当所有的肉块都被煎过盛出后，将胡萝卜和洋葱放入炖锅，用慢火炒5分钟，再取出放在一边。将整瓶红葡萄酒倒入锅中，慢火加热的同时用汤勺刮一下锅底。一旦红葡萄酒开始有波纹便调大火力，收汁到1/3后放凉。

→ 蔬菜和葡萄酒已经完全将锅里煎肉后留下的油汁吸收，构成一个很好的底汤。

03
将煎过的肉块、蔬菜、压碎的蒜、香料捆和剩余的花生油一起倒入炖锅中，放在冰箱里浸泡一夜。

提前1天

04
将您的烤箱预热到140℃，与此同时将面粉倒入备好的平底锅里，用中火加热并不断翻炒，直到变成漂亮的琥珀色。这大概需要5分钟，结束后用沙漏筛出粗颗粒。

→ 面粉烘炒后的炒面味道会让汤汁的味道更丰富。

05
从冰箱里取出放有肉块和红酒等的炖锅用中火加热，保持冒水汽但不沸腾的状态。与此同时，将一水杯量的牛肉底汤倒入汤锅内，一旦冒水汽便将所有经过烘炒的面粉倒入，同时快速搅拌，不要产生面疙瘩。煮5分钟后，将汤锅的所有汤汁及剩余牛肉底汤的3/4一起倒入炖锅。如果有必要的话，加水覆盖过肉块。盖好锅盖，将炖锅放在烤箱内高度居中的位置，烘烤5小时。其间，需要检查一下锅里的水量是否还能覆盖肉面，缺水的话，需加水补充。

→ 要点是整个炖锅在烤箱内高度居中的位置，而不是托住炖锅的托盘在中间位置。

06

在烹饪结束后，应该可以用刀尖轻松插进肉块里。如果不能，则需要延长烹饪时间。然后将炖锅从烤箱中取出，放凉。

烹饪当天

07

开始准备调味汁。从炖锅里将肉块拿出，放在一个盘子里盖好，并将香料捆扔掉。用漏斗过滤出其他蔬菜并压碎，榨出最后的汤汁。

→ 这样可以最大限度地收回汤汁。

08

将一半压碎的蔬菜与汤锅里所有的汤汁混在一起，然后用搅拌机搅拌，约需3分钟。而后用纱布或筛子过滤后再倒回汤锅。

→ 您的调味汁会因为蔬菜泥变得稠厚，这总比用面粉好很多。

09

调味汁的稠度要能挂住汤勺背，如果过稠，可以加点牛肉底汤；如果不够稠，可以放小火上收一下汁。之后放入做好的肉块，慢慢加热。

10

准备配菜。将一汤勺的黄油放入锅里用温火加热，然后加入干葱和糖并加水覆盖，盖上锅盖，煮大约15分钟。在干葱熟之前，将锅盖拿开，让水蒸发出去。然后将巴萨米克醋倒入锅内，并通过蒸发将汁收到一半，之后取出干葱放入一个热盘。向平底锅内加入剩余的黄油，温火煎炒一下巴黎生菇，根据大小的不同，烹饪时间约为5—10分钟。结束后将生菇放置到一个盘子里。

11

与此同时，在煎锅内用温火将咸猪胸煎7—8分钟，直到焦黄为止。

12

预先加热一个盘子，放入做好的牛肉，将咸猪胸放在牛肉上面，

调料汁倒在周边，巴黎生菇和干葱放两边。随后再撒些剪碎的香草叶，香草叶会带来些爽口的感觉。稍微撒一些盐和胡椒，随后上桌。

您知道吗，这道菜会非常的出色！

为什么先烹饪后腌泡？

通常人们认为腌泡会给肉带来更多的香味，并让肉变软。问题是，如果想让腌泡汁进入肉里，需要花费很长时间。比如一块100克左右的肉，需要1周时间才能入味。

于是经过一夜的浸泡实际上不会发生什么，腌泡汁一点都不会渗入肉里，哪怕是1毫米都不会。期望腌泡会让肉变软，也是幻想！

但是如果我们一开始先烹饪肉，就完全不同了。煎制成金黄色后，在肉的表面会产生很多小裂缝。这样虽然不会让腌泡汁"进入"肉里，但腌泡汁会挂在裂缝上，于是腌泡的效果会被放大10倍。

为什么这样使用面粉？

因为这样做效果会更好。通常肉被炖煮后，人们才加入面粉然后放入烤箱，这就等于我们在把面粉做熟。

但是因为渗入了肉汁，这样的面粉很难做熟，更不会焦黄。

所以在肉熟之前把面粉准备好，这样的结果比平常的做法效果会至少好10倍。

为什么用烤箱而不是用炉具加热？

当您用天然气或电动炉具加热时，热力都来自炖锅的底部。而当您用烤箱时，热力来自烤箱内的四面八方，因此烹饪过程更均匀，品质更好。

帕斯塔米熏牛肉

　　做帕斯塔米熏牛肉（Pastram）需要4天的准备时间，但口感真的是棒极了！肉的周边稍微有些脆，但里面非常柔嫩，做法有点类似低温烹饪，但获得的成果是"爆炸级"的棒！

想了解更多，请关注：
盐腌和腌渍
_____

从4天前开始准备
准备工作：准备腌渍汁30分钟+放凉腌渍汁6小时
腌渍：4天
烹饪时间：6小时

8人份备料

- 2千克牛胸肉
- 3汤勺香菜籽
- 2汤勺黑胡椒粒
- 2汤勺烟熏帕布莉卡辣椒粉（Paprika）
- 1咖啡勺蒜粉
- 半汤勺红糖
- 1/3汤勺碎辣椒

腌渍汁
- 200克海盐
→要选没有经过精加工，无添加剂的，一般包装上有说明
- 100克红糖
- 2咖啡勺蜂蜜
- 4头大蒜，去皮后压碎
- 1片月桂叶
- 4咖啡勺四香粉（生姜、丁香、肉豆蔻和胡椒）
- 1咖啡勺香菜籽
- 1咖啡勺黑胡椒粒
- 1咖啡勺芥末粉
- 1咖啡勺红果
- 2根丁香

提前4天

01

准备腌渍汁。在平底锅里用温火把香菜籽烤一下，然后将黑胡椒粒用大火在锅里烘炒2—3分钟。注意要不停晃动，不能烤焦。两种香料都放凉后，加上蒜和月桂叶一起捣碎，压成粉。

02

在一个大炖锅里烧3升水，水开后继续烧10分钟，用来去除所有潜在的细菌等。加入粗海盐、红糖和蜂蜜搅拌，使其充分溶解到水里，然后加入所有的香料粉。放凉后在冰箱内放置5—6小时，让腌渍汁的温度与冰箱温度持平。

→ 如果您在腌渍汁的温度还不是很低的时候就放入肉，肉会被过早破坏。既然您连腌渍汁这么难的事都做了，索性多点耐心，等它完全冷却吧！

03

腌渍汁放凉后将肉放入，然后用一个小盘子压住肉块，使它完全浸入腌渍汁中，盖上炖锅盖，放入冰箱内放置4天。每天取出炖锅搅拌一下腌渍汁，这基本是最困难的事情了！

→ 必须注意肉块要全部浸没在腌渍汁中，如果有一小块露出，便会腐坏。

→ 需要4天时间才能让腌渍汁的滋味浸入到肉纤维中，4天后便可以将肉取出来了。

烹饪当天

04

从冰箱里取出肉块，同时将烤箱预热到120℃。用清水清洗一下肉块，不要让腌渍汁残留在肉上，清洗后用吸水纸吸干肉块。

05

将准备好的香菜籽和黑胡椒放入锅里，用大火烘炒，注意勤搅拌，不要烤焦。将其压碎后，加入烟熏帕布莉卡辣椒粉、蒜粉和红糖，再压碎成粉。把这个混合香料粉撒在牛胸肉上，注意要撒得比较均匀，各个面都要撒到。为了能挂住，不妨把肉再搓揉一下。

→ 香料在烹饪过程中基本不会渗入肉里,但用香料是为了使烹饪后牛胸肉表皮和内部的肉有滋味差异。

06

把牛胸肉用铝箔纸包裹三层,带油脂的面朝上,然后放入烤箱中烹饪6小时。

→ 油脂会在烹饪过程中轻微熔化一部分,所以如果油脂在上方,熔化后会流入肉纤维之间。如果油脂在底部,会直接流到烤盘上,白白浪费掉就太可惜了。

→ 肉在放入烤箱前必须确保用铝箔纸严实地包三层,这样在烹饪过程中产生的湿气才不会泄漏,在湿润环境下烹饪出来的肉才会依然湿润多汁。

07

把肉从烤箱中取出,将烤箱调整为烘烤模式,温度设定为280℃。撤掉铝箔纸,将肉放在一个烘烤架子上。当烤箱达到需要的热度后,将烘烤架子放在中间,底下放一个烤盘来收集可能会掉落的肉汁。烘烤5—7分钟,千万不要烤焦。

然后就完成了,时间确实有点长,但肉会很好吃。

为什么不用亚硝酸盐?

我是刻意不用亚硝酸盐的,尽管通常人们制作帕斯塔米熏牛肉或白火腿肉时会用到这种盐。使用亚硝酸盐会给肉留下漂亮的颜色,但同时食用亚硝酸盐会有引发很多病症的危险,甚至导致癌症。

为什么要把肉完全浸入腌渍汁里?

腌渍汁包含盐、糖和香料,肉块完全浸入后,盐会进入肉纤维进而改变蛋白质的结构,于是在烹饪过程中不会变形太大,也不会排出纤维中的水分。另外还有一个比较有意思的原因,即有盐的作用,香味会更快地浸入肉里,比简单的腌制要快很多。

炸肉排、芝麻菜、番茄、柠檬和帕马臣奶酪沙拉

这并不是著名的米兰肉排的做法，因为我们在包裹肉排的面包渣中加入了帕马臣奶酪。这也不是帕尔马肉排的做法，但总而言之，这是道非常可口的菜肴，它酥脆多汁，带有一些酸度和胡椒香，是让人非常幸福的一道菜。

想要了解更多，请关注这几点：
炊具的大小
烹饪时用什么黄油？

准备时间：15分钟
烹饪时间：15分钟

4人份备料

- 4块150克小牛肉排，最好从腿肉上切，并拍平一些
- 100克面粉
- 2个鸡蛋，打碎搅拌并加入2汤勺水
- 100克面包渣，混入50克的帕马臣奶酪（最好做的时候现场刮成丝）
- 300克澄清黄油（或花生油）

生菜沙拉
- 2把芝麻菜，洗净后甩干水
- 8个樱桃番茄，每个切成4瓣
- 半个柠檬，压出汁
- 1汤勺橄榄油
- 几勺碎帕马臣奶酪或奶酪粉
- 海盐及胡椒粉

01

提前1小时从您的冰箱里将小牛肉排取出，然后平放到案板上或盘中，相互之间不要重叠。

→ 如果有重叠的话，则需要更多时间来使得它们升温到环境温度，大概是3小时后。

02

将您的烤箱温度设定到160℃，同时将面粉、鸡蛋液和面包渣放到三个汤盘中。

03

将澄清黄油或花生油倒入大平底锅中，将火调到中等强度，锅要选择至少可以放进两块肉排而且相互不会碰到的大小。

→ 这是非常重要的一点，如果您的平底锅太小，您的肉排就不会煎成金黄色，面包渣会吸收黄油，最后的结果是肉排会非常油腻。

04

扔个小面包块检测一下油的温度，如果在15秒内能变得金黄，那么油锅的温度就是对的。

→ 如果用大火来烹饪肉排，肉排中的水分会被排出，并排斥油脂，这样肉排会变得无味，同时面包渣也会炸干。但如果火力不够的话，情况会正好相反，面包渣吸收油脂，肉排会表现得油腻又沉重。

05

把两块肉排放到面粉中，用手取走多余的面粉。然后将肉排放入鸡蛋液中，将多余的蛋液过滤掉之后放在面包渣中。

→ 如果没有面粉，肉排上挂不住鸡蛋液。而如果没有鸡蛋液，面包渣也没法固定在肉排上。因此，顺序非常重要。

06

将处理过的肉排放到平底锅中用油炸，每个面都须炸2分钟左右。

→ 在给肉排翻面时动作请慢些，否则面包渣会脱落。

07

用吸油纸轻轻吸附肉排油炸后多余的油脂，然后放到烤箱烘烤架上，放一个盘子在下面用来收集可能会脱落的面包渣，推进

已经预热的烤箱里。

→ 放在烘烤架上的好处是可以保证肉排面包渣中的湿气在烤箱中释放出来，从而变得酥脆。但如果是用铁盘，一部分湿气会凝结在肉排下方。

08

用同样的做法做另外两片肉排。

09

准备沙拉。将柠檬汁、橄榄油、樱桃番茄和芝麻菜混在一个大沙拉盆中。

10

将肉排放在一个大盘子里，再加上沙拉。在上面撒些帕马臣奶酪粉，点几滴柠檬汁。加盐，撒一些用胡椒研磨器研磨的胡椒粉，然后迅速端上桌。

看看这些色彩，这些不同的质感和香味。它特别好吃，而且做起来也很简单。

日式面包渣是怎样的？

日式面包渣比欧洲的面包渣更轻盈。如果在超市或商场找不到这种面包渣，您可以按照我给出的配方自己制作。但别在商场里买现成的面包渣，里面的添加物太多了，它们会大量吸收烹饪中出现的油脂。

日式面包渣的制作方法

把面包的硬壳取下来，将软的部分放入冰柜或冰箱的冷冻层，静置一夜。

第二天从冷冻层取出冻结的面包，冰冻状态下面包会有长条，就好像黄瓜刮出的黄瓜丝，至少有5毫米长。在烤箱烤架上放一张烘烤用纸，在上面撒上面包丝。设置烤箱温度为160℃，用10分钟烘干面包丝，注意千万别烤焦。

米兰式小肋排或肉排的做法？

最传统的做法是用一个2厘米厚的小肋排，粘上面包渣后用澄清黄油煎制，没有面粉更没有帕马臣奶酪（帕马臣奶酪来自帕尔马地区，离米兰距离较远）。用肉排替换小肋排是比较常见的做法，但并不是很传统。

厚度、厚度、厚度！

请忘记那些店铺里卖的肉排吧，薄得几乎透明了，这种薄肉排是用来做意大利皮卡塔（Piccatas）柠檬汁炸肉的。而我们在做这个炸肉排时，至少需要有1厘米厚的肉排，否则面包渣就有点过厚了。

澄清黄油是什么？

就是普通黄油去除那些容易焦化的物质后的黄油。用澄清黄油做炸肉排可以让肉排更具有黄油的香味。

炸成金黄色的小牛肋排

忘了餐厅菜单上那些干硬的小牛肋排吧，我讲的是做出口感柔嫩多汁，炸成金黄色的小牛肋排，还搭配有用葡萄酒做成的调味汁。改变一切的小窍门，就是在腌渍汁中泡两个小时，我跟您解释一下……

想了解更多，请关注这几点：
炊具的大小
盐腌和腌渍
是否要在烹饪中给肉翻面？
浇肉汁
静置肉块

准备时间：制作腌渍汁10分钟+放凉腌渍汁3小时
腌制时间：2小时
腌泡时间：1小时
烹饪时间：40分钟

2人份备料

- 2块厚度为2厘米，重量为350克的小牛肋排
- 1汤勺澄清黄油（可用花生油代替）

腌渍汁
- 3咖啡勺灰细盐
- 半咖啡勺糖

腌泡汁
- 半头大蒜，去皮后切成小丁
- 半咖啡勺细碎新鲜的百里香
- 4汤勺橄榄油

调味汁
- 40毫升牛肉底汤（最好是新鲜的，或者冷冻的也可以）
- 40毫升比较强劲的干红葡萄酒
→比如赤霞珠
- 1根干葱，切成小块
- 1汤勺黄油
- 海盐和胡椒粉

01

准备腌渍汁。向炖锅内倒入3升水，放入盐和糖，水开后再继续煮5分钟，之后放凉至常温。随后将汤倒入一个大沙拉盆里，放入冰箱继续放凉2—3小时。

02

将小牛肉排放到腌渍汁中腌制2小时，每半小时翻一次面以便于所有的肋排表面都能接触到腌渍汁。2小时后将肉取出，然后用水冲洗后，拿吸水纸吸干。

03

准备腌泡。将所有配料倒入一个大盘中，再把小牛肋排放入，并用手把配料涂满小牛肋排两侧。用保鲜膜包裹小牛肋排，在常温下静置1小时。

→ 腌泡不会让香料进入到肉里面，只是会让肉表面带有香气。这已经可以让每一口肉都带着百里香和蒜香的味道了。

04

准备调味汁。用中火将汤锅内牛肉底汤的量收汁到3/4，变得像糖浆一样。用另外一个汤锅，将干葱和红葡萄酒倒入，用中火收汁到3/4，不要让汤沸腾。这大约需要30分钟。

→ 底汤和葡萄酒中的水分会蒸发，能保留更多的香味，不会被水分稀释。

→ 您可以提前准备调味汁。

05

把小牛肋排上的蒜清除干净，然后准备烹饪。这时蒜味已经依附到肉上了。

→ 蒜在烹饪中会烧焦，变得苦涩，这也是我们要清除一下的原因。

06

用大火加热一个足够同时煎两块牛肋排的平底锅，把澄清黄油放入热锅，稍等几秒钟。然后把两块牛肋排合并到一起，一只手抓住带骨端放入锅中煎1分钟。

→ 若直接将牛肋排平放到锅里，带骨部分永远不会煎得焦黄，这挺遗憾的。而若用上面的做法，整个肋排都会煎得金黄。

07

将两块小牛肋排平放到煎锅中，煎制5分钟，其间每30秒翻面一次，并将锅里的黄油浇盖在肋排上。调到小火，然后再煎5—6分钟，继续每隔30秒钟翻一次面。

→ 每隔30秒钟翻一次面可以保证肉排获得比较均衡的烹饪效果，同时这样煎出的肉排也会比仅翻一次面的更加多汁。

08

从锅里取出小牛肋排，然后用三层铝箔纸包裹住，放在一个盘子里静置5分钟。

→ 在静置期间，小牛肋排中的肉汁会变得更稠。在烹饪中变干的表面也会吸收一部分肉汁，从而回到比较柔嫩的状态。

09

与此同时，将葡萄酒和干葱混合汁以及底汤混在一起，加入一汤匙的黄油，让调味汁变得更圆润。再加一些盐和胡椒调味，然后保温。

10

重新将平底锅放到大火上，然后给小牛肋排加热30秒钟，使得外表更为酥脆，然后准备上桌。

→ 在静置过程中，肋排表面因为吸收肉汁会重新变软，用大火加热会让表面变得酥脆。

11

将小牛肋排取出摆放在两个盘子上，把调味汁浇在上面。

您将品尝到世界大赛冠军级的小牛肋排！恭喜您！

为什么要腌渍？

小牛肋排的肉味并不会被水稀释，其实这是个很传统的处理方式。比如在生产白火腿时，为了能保证白火腿在烹饪后还能继续柔嫩，就会用这个方法。在腌渍过程中，加入盐和糖后的水分会轻微渗入到肉纤维里，改变蛋白质结构，防止它们在受热烹饪过程中变形挤出水分。这样处理的小牛肋排会比传统未经处理的更多汁。

白汁炖小牛肉

这个菜肴的历史可以追溯到18世纪，当时是用一些小牛的边角料制作，加上蘑菇和干葱，主要作为一道前菜。随后菜肴的做法有了很大改变，今天的做法其实与最初的菜谱已经关系不大了。我们一起追溯一下历史，从头来说。

想了解更多，请关注这几点：
烹饪好的肉如何装盘？
烹饪时用多大的炊具？
烹饪时用什么油？
煮肉
底汤和汤汁

准备时间：20分钟
烹饪时间：3小时

6人份配料

- 600克小牛肩肉，切成边长4厘米左右的正方体肉块
- 600克小牛胸肉，切成边长4厘米左右的正方体肉块
- 3升新鲜小牛底汤（或冷冻的汤）
- 2汤勺橄榄油
- 海盐

配料
- 300克用冷水冲过的野黑米
- 24根干葱，去皮
- 2捆小胡萝卜，去皮
- 200克巴黎生菇，洗净
- 4汤勺黄油
- 2汤勺白糖

调味汁
- 25克稠鲜奶油
- 4个生蛋黄
- 少许肉豆蔻

01

将买来的肉放到一个大的沙拉盆中，加入橄榄油并搅拌，保证每块肉都能被橄榄油包裹住。然后用中火加热炖锅，等锅热后，在锅里翻炒一下肉块，直至变色。

→ 当您直接把橄榄油倒入锅中时，油会在肉块之间被加热，甚至烧焦从而带着奇怪的味道。因此，如果您事先在肉上撒油搅拌一下，油便不会烧焦。

02

一旦肉已经变色，将底汤倒入炖锅中，须保证汤的高度到超过肉块3—4厘米处。加少许盐，但不能放胡椒。将火调小，炖2小时30分钟，这期间不要让汤沸腾也不能有波纹，只能看到偶尔冒出一个气泡。

→ 在水温较低的情况下，肉会被缓慢做熟，而且能保留本身的肉汁。如果是沸腾状态，有气泡出现，证明肉煮得太快了，会把肉榨干。

03

从汤中取出肉块，放在一个大盘子里，并用铝箔纸覆盖。用纱布过滤一下锅里的汤汁。

→ 纱布会收集散落在锅里的小肉丝等，使锅里的汤汁变清透。

04

清洗一下炖锅，将过滤后的汤汁倒回锅里，用中火将汤汁收到原来的2/3的量。

→ 目的是要蒸发出一部分水分。水分是没有味道的，所以这样做可以提高汤汁香味的浓度，让汤汁变得更有味道。

05

准备配菜，在炖锅收汁的同时，将一个煮锅加热，并加入1勺黄油。当黄油熔化后，放入野黑米，并翻炒3—4分钟。再加入米量2倍的水，盖上锅盖，煮40分钟。

06

向一个小平底锅内加入1汤勺黄油，放入干葱、1汤勺白糖，加水到锅一半高度。加上锅盖，用小火煮20分钟，并经常搅拌。

07

小胡萝卜也是同样的处理方式，向小平底锅内加入1汤勺黄油，

翻炒一下小胡萝卜，然后加入糖和水到锅一半高度的位置。盖上锅盖煮20分钟，并经常搅拌。

08

巴黎生菇的处理方法也一样，但不要加糖。加黄油翻炒后，将水倒入锅中至一半高度的位置，用小火煮5分钟，并经常搅拌。

09

准备调味汁。将锅里的汤汁收到合适的浓度后，调至小火保温。准备一个大碗，倒入鲜奶油、鲜蛋黄和肉豆蔻，然后搅拌均匀，随后加入一些锅里的汤汁并搅拌。最后将混合物倒入锅内的汤汁中，继续用小火加热锅里的汤汁，并不断搅拌。等汤汁开始有些黏稠后，将所有炖肉放入其中并加热10分钟。

10

将所有的事情都做好后，肉就可以上桌了。将炖肉和汤汁放在一个大汤盘中，其他的配菜也分别放在不同碟盘里，包括野黑米，每人可以根据自己的喜好自行选择配菜。

这些食物放在一起简直漂亮极了，五彩缤纷，从白色到橙色还有黑色……

不要用白水煮肉！

如果您用白水煮肉的话，最后的结果是白水接受了所有肉损失的香味成为肉汤。这样做会导致肉变得平淡无味。而当您用底汤来煮肉的时候，肉不会损失自身的香味，会继续保持很好的香味状态。

为什么不把肉用水焯一下？

用热水焯肉是很愚蠢的做法。最初这样做是出于卫生的原因，而现在的肉类卫生是有基本保证的。把肉放到沸水里焯的过程也失去了一部分肉的滋味。

为什么用白汁？

过去用白汁是为了让人看清楚，让人看到肉没有发霉也没有腐烂，其实与味道没有任何关系。同样只是出于卫生的原因，汁越白，肉越新鲜。

米兰焖小牛肘及
葛莱莫拉塔汁

在做米兰焖小牛肘时，并不是用添加番茄的方式增添红色的，真不是这样！香味、质感，还有番茄所包含的水分都与这道菜肴无关，加番茄只能稀释调味汁。所以，请忘记番茄吧。我们一起来做真正的焖小牛肘和原味的葛莱莫拉塔汁（Gremdata）。

想要了解更多，请关注这几点：
烹饪好的肉如何装盘？
烹饪时用多大的炊具？
烹饪时用什么油？
煮肉
底汤和汤汁

准备时间：30分钟
烹饪时间：2小时10分钟

6人份备料

- 6片小牛肘肉，每片重300克
→最好大小一致
- 1颗大洋葱，切成小块
- 2根胡萝卜，去皮后切成小块
- 1根芹菜秆，洗干净后切成小块
- 4头大蒜，去皮后切成小块
- 2升小牛底汤（或用冷冻的汤）
- 20—25毫升干白葡萄酒
- 2汤匙黄油
- 海盐及胡椒粉

葛莱莫拉塔汁
- 1头大蒜，去皮后切成很小的丁
- 3棵香菜，去掉菜叶后剪碎
- 将少许柠檬刮皮，用一个柠檬榨汁
→如果您愿意也可以加半个橙子榨汁

01

用中火加热大煮锅，将小牛底汤收汁到原来一半的量。

→ 在加热过程中，没有任何味道的水分会被蒸发，留下的更多是香味，这会使底汤更有滋味。

02

将烤箱预热到160℃，从冰箱中取出小牛肘肉，并在肉的黏膜部位扎几刀。

→ 包裹着牛肘的黏膜会在烹饪过程中收缩，它会拉紧肌肉造成牛肘肉变形。如果您在黏膜上切出几个小口，牛肉不会变形太多，烹饪得也更均衡。

03

准备铸铁炖锅并用中火加热，一定要大到能平放6个牛肘，而不需要擦在一起。在炖锅里加入一汤匙黄油，等黄油开始产生泡沫时，先放入3个牛肘，相互之间不能粘在一起。在锅里每面煎3—4分钟后取出放在一个大盘子里，注意保温。然后把剩余3个牛肘，重复上述操作依次放入。

→ 当肉粘在一起时，肉失去的水分会被封锁在肉块下方，最后肉块会被这些水分煮熟而不是煎得金黄。

04

减小一些火力，加入剩余的黄油，还有切成小块的蔬菜丁。加盐，然后炒5分钟。

→ 加盐的效果是让蔬菜中的水分蒸发出去，而仅仅保留最好的蔬菜香味。

05

往炖锅里倒入干白葡萄酒，然后继续将水分蒸发，仅保留3/4的量。

→ 蒸发水分时也会蒸发出葡萄酒中的大部分酒精，但能保留它的香味。

06

将牛肘肉小心地放在蔬菜上面，再倒入收汁后的小牛底汤，轻微覆盖至蔬菜高度就好。千万不能倒太多，我们是要焖炖肉，而不是煮肉。

加上锅盖，放在烤架上送入烤箱，务必使炖锅的高度在整个烤箱正中央，将烹饪时间调至1小时45分钟。在烹饪时间过半时，将牛肘肉翻面，同时检查是否有足够的汤汁。如果不够时请及时补充，但不能超过蔬菜的高度。用刀尖检查肉的成熟度，如果能很轻松地插入，说明熟得很好。

→ 小牛肘的烹饪工序是在烤箱里焖炖，而不是通常说的用水煮。用焖炖的方法，肉基本不会损失掉香味。但如果换成煮肉，有一大部分的香味会损失在水里，肉也就不那么好吃了。

07

准备葛莱莫拉塔汁。准备一个碗，将蒜和香草及碎柠檬刮皮与柠檬汁混在一起。把这个混合汁浇在肉上，然后盖上锅盖，再烹饪5分钟。

08

把小牛肘从锅里取出，放在一个经过加热的大号盘子里。周边放好蔬菜，将炖锅里的汤汁浇上去，用盐和胡椒调味。

拥有这完美的汤汁颜色和香气，才是真正的米兰焖炖小牛肘！

不用些面粉包裹住牛肘吗？

通常在做煎炸肉的时候会给肉块裹上一层面粉，这层面粉的作用是使得锅底的油脂和添加的番茄汁变得更稠。一般来说，汤汁会被番茄的水分稀释，所以加面粉以防汤汁不够浓稠。这真是打补丁的做法。

奖励您的小窍门

您在烹饪过程中，可以再添加一两根带骨髓的小牛腿骨。将腿骨纵向锯开，加上一些香菜碎。

如果您像我这么爱吃这道菜，还会加上两条去咸后的鳀鱼，与葛莱莫拉塔汁一起，给这道菜着提鲜。

然后为了完全符合意餐精神，我会配上米兰式米饭。

最初的菜谱是怎样的呢？

在最初的菜谱中是完全没有番茄的。原因也很简单，一直到18世纪，意大利人都不怎么吃番茄，他们认为番茄是有毒的。一位法国厨师长亨利·保罗·佩拉普拉特（Henri-Paul Pellaprat）在1932年出版的《现代厨艺》（*Culinaire Moderne*）一书中加入了番茄。

从那时起，人人都开始按照这个菜谱来制作，没人去想是怎样一回事了。

意式烤猪腩

这个菜的做法来自意大利，习惯上是用一头整猪或半头去骨后的猪制作。如果人数少，可以用猪胸肉来代替，猪胸肉也是块入口即化的好肉。最出名的意式烤猪来自罗马市的阿里基亚。巧合的是，这与法式做法是一样的！

想了解更多，请关注这几点：
炊具的大小
给肉浇汁

建议提前1天开始准备
准备时间：20分钟
烹饪时间：4小时15分钟

8人份备料

- 1块去骨后的猪胸肉，重约4千克
- 1个半汤勺的茴香花粉（如果没有可以换成2汤勺的茴香籽）
➔没有茴香花粉实在太遗憾了，因为这真是顶级口感
- 2汤勺的迷迭香，要剪得非常碎
- 1个半汤勺刚刚研磨出的胡椒粉
- 1汤勺红浆果香料粉
- 8头蒜，去皮后用刀背压碎
- 2汤勺橄榄油
- 3米厨房用棉绳
➔这个可以从肉店里要到

提前1天

01

如果没有茴香花粉的话，可以先处理一下茴香籽，放入加热的平底锅中轻微烘炒2分钟，需要不停地搅拌，注意别烤焦。然后取出，压碎捣成粉。

02

把猪胸肉在案板上放平，从4个面各切出3厘米宽的肉，但保留猪皮。

➔ 这样可以很方便地用猪皮从4个面包好胸肉，以防4个面的肉被烤焦。

03

用一把快刀，在胸肉上划出大概30个1厘米深的切口。把香料和红浆果粉等撒好，涂抹均匀并压实。

➔ 调味香料会渗入切口中，能比平常的做法带来多出20倍的香味。

04

把猪胸肉滚成卷，每间隔3厘米左右用绳捆住。注意捆绑的力度要均匀，这样才能有均匀的烹饪效果。然后纵向捆两次，注意用猪皮覆盖住两边的肉。

05

把肉捆好后放在一个烘烤架上，在阴凉处放置一夜，不用任何覆盖物。

➔ 猪皮会轻微变干一点，这也有利于在烹饪中形成一层漂亮的脆皮壳。这一夜的静置也能让香料慢慢渗入肉里。

烹饪当天

06

将烤箱预热到140℃，将这块捆绑的猪胸肉放到一个整块烘烤用的烤盘上。有缝隙的一面向下，用橄榄油浇盖到肉卷上。

➔ 烘烤时间很长，如果烤盘太大，肉卷流出的肉汁会被烤焦。因此，使用大小合适的烤盘是非常重要的。

07

将烤盘推进烤箱内，烘烤4小时。不要忘记每隔30分钟抽出烤盘，将流出的肉汁浇盖到肉卷上。

→ 因为有浇盖的过程，所以肉汁会挂在猪皮上，这样做的结果是猪皮会带有非常美味的香气。

08

检查一下烹饪结果，理论上叉子应该会毫无阻碍地插入到肉卷里。取出烤盘静置一下，将烤箱的温度调高到260℃。等达到设定温度后，再将烤盘放回烤箱，烘烤10分钟，这样烹饪后的猪皮会非常好吃。

→ 猪皮会膨胀起来，然后收缩，最后变得酥脆，真是顶级的吃法！

09

取出烤盘，再静置15分钟左右。

您现在可以端上桌了，热食或温食皆可。热食时切成厚片，温食时切薄片。

意式烤猪是怎样操作的？

这道菜通常用半扇猪，包括猪背、猪胸，以及第三节脊椎骨与骨盆接触的最后一节脊椎。去骨后将肉放平，然后加入各种香料，卷起来捆好。然后放到烤箱里，烘烤8个小时，也可以用柴火烧烤。这道菜还可以用小乳猪去骨后，加馅捆绑烘烤。

一定要将肉卷或者捆起来吗？

为了能获得均衡的烹饪效果，意式烤猪必须要用心准备。

1.平放，撒完香料后要从最远端向内卷起。

2.卷的过程要注意不能卷成一边厚一边薄的状态，要很均匀。否则的话，比较薄的地方会很快烤熟。

3.每隔3厘米左右用细绳捆一下（要注意打结的力量，不要捆得太紧）。然后纵向捆两次，将肉卷两端的猪皮捆住。

手撕猪肉

手撕猪肉是用猪上肩肉做的，通常需要慢火炖很长时间，最后能很容易地用两个叉子撕开。这是道让人上瘾的菜，尤其适合好朋友之间分享。英文叫Pulled Pork，翻译过来就是能撕开的猪肉。

想了解更多，请关注这几点：
腌制
炖肉
胶原蛋白是什么？

如果情况允许，建议提前2天进行腌泡
准备时间：15分钟
烹饪时间：6小时

8人份备料

- 1块带骨猪上肩肉，重2.5千克
- 2颗洋葱，去皮后切成大块
- 2根胡萝卜，去皮后切成大块
- 4头蒜，去皮后用刀背压碎
- 2根丁香，插在一个大洋葱块上
- 40毫升苹果酒
- 120毫升鸡肉底汤
- 海盐和胡椒粉

腌制用汁
- 4头蒜，去皮后压成蒜泥
- 2咖啡勺蜂蜜
- 2咖啡勺英式辣酱油
- 1咖啡勺法式芥末酱
- 3咖啡勺烟熏帕布莉卡辣椒粉
- 2汤勺橄榄油
- 1咖啡勺盐

提前2天或当天开始准备

01

准备腌制。将所有配料倒在一起搅拌好，然后涂在猪上肩肉的表面。此时出现两个选择：一是在冰箱里腌制两天，这样能有时间让香味渗入肉里；二是马上就做，这样仅仅能让肉表面带上香味。我个人的建议是腌制2天后再做。

→ 用于腌制的香料需要很长时间才能渗入肉里，但尽管如此，这些渗入的香料也会改变这个菜肴最终的味道。

02

将烤箱预热到260℃，提前从冰箱里取出上肩肉。

03

将洋葱、胡萝卜、大蒜等放入炖锅中，浇入苹果酒和鸡肉底汤。把上肩肉放在蔬菜上面，鼓起的部分向上。

→ 上肩肉在蔬菜层的上方，并不与锅底直接接触。肉会被炖锅中的蔬菜、苹果酒和鸡肉底汤产生的热湿气慢慢蒸熟。

04

加盖，然后加热5分钟，这可以让锅里的液体达到一定热度。然后将整个炖锅放入烤箱的中央位置而不是托架上，将烤箱温度降到140℃。

→ 先将烤箱预热到260℃，然后再降温，这样能很快把炖锅的上半部分加热，从而让锅里的肉块上部受热。

→ 如果您将炖锅放在烤箱上半部，热力会集中在上半部。如果放在靠下的位置，热力会集中在下方，就像是放在煤气或电炉中一样。把炖锅放在中央位置可以使烹饪效果更均衡。

05

在烤箱里烘烤6小时，胶原蛋白开始转变为胶体，脂肪开始溶解，蔬菜也会产生蒸汽将肉做熟。在此期间，检查一下炖锅里是否还有足够的汤汁。如果不够，可以再补充些鸡肉底汤。

→ 在烹饪过程中，水受热蒸发成水蒸气，然后在锅盖处液化滴落在肉上。因此，上肩肉能不断得到滋润。

06

您有勇气等6小时吗？真是太值得钦佩了。取出炖锅，然后将上肩肉放到一个大盘子上，略微放凉。在此期间将锅里的肉汁用过滤网过滤，顺便压碎蔬菜获取更多的汁水。

➔ 蔬菜里还是有很多香味的，用漏网压碎会获得最多的肉汁。

07

用两个叉子将上肩肉撕开，浇上肉汁，使得肉更多汁。撒上盐和胡椒，端上桌。

为什么要用带骨上肩肉而不是去骨后的？

在烹饪过程中，骨头上的软骨会释放出很多香味，使汤汁变得黏稠还会增亮。而且骨头里的香味会在烹饪过程中释放出来，给肉添香。所以不能随便拿一块肉，甚至也不能用整块烧烤肉来做这道佳肴，结果肯定不够香。

蔬菜为底，肉在上方

把蔬菜放在锅底，然后将肉放上，这样肉便不会与锅底的热力直接接触。它会被蔬菜和底汤释放的水汽蒸熟，所以肉会保持非常柔嫩和多汁。

非常完美的猪肋排

很简单的烹饪手法，但极其有效。为了做这道菜，您需要两块被养殖户精心照顾、吃过很多好东西的猪身上的肋排。4种配料就足够了，不到10分钟的烹饪时间，制作出的肋排肉会好吃到欲罢不能……

想了解更多，请关注这几点：
如何选择炊具？
炒肉
是否需要在烹饪中给肉翻面？
静置肉块
如何获得更多肉汁？

准备时间：10分钟
静置时间：2小时
烹饪时间：10分钟

2人份备料

- 2块猪肋排，厚度约2厘米，最好周边油脂较多
- 2头蒜，去皮后用刀背压碎
- 20根百里香
- 1汤勺澄清黄油（或用橄榄油代替）
- 1 个半汤勺黄油，切成小块
- 海盐和胡椒粉

01

在肋排的油脂部分划出几个刀口。将猪肋排放在一个烘烤架上让其外表稍微风干，这样在烹饪时容易烤出金黄色泽。在架子上放置2小时左右，常温即可。

→ 如果是带皮肉，为了避免猪皮在烹饪过程中收缩，使得肉排变形不能均衡成熟，也需要在肉皮上划出几个刀口。

02

准备又漂亮又足够大的煎锅，也可以是不锈钢锅或铁锅，并用大火加热。当锅烧热以后，把澄清黄油倒入，等它熔化后开始噼啪作响和冒烟。

→ 请不要用不粘锅，它不会让肉煎得金黄，也不会产生肉汁，而肉汁正是这道菜肴的亮点之一。选择最大的煎锅，这样才能让肉煎出完美的金黄色泽。

03

在烹饪之前不要在肉上撒盐和胡椒，这是没用的，请烹饪后再这样做。把两块肋排合起来，将猪肋排带骨面直立放在锅里煎1分钟。

→ 如果您不这样做，这部分不会在烹饪中变得金黄。

04

然后将猪肋排平放在煎锅里，相互之间保持一定空间。加入百里香和压碎的蒜，30秒钟后将猪肋排翻面，并加入黄油。将火力调小，每隔30秒翻一次面，同时将锅里的油汁浇在肉面上。

→ 当用油汁浇盖肉的时候会产生3个现象：

1.被加热后的黄油与肉汁混合会让肉熟得更快，于是上下面的烹饪比较均衡。

2.肉在烹饪中产生的肉汁和肉纤维等不断被浇盖在肉面上并挂住。

3.黄油的油脂会阻碍肉中的水分蒸发。

05

猪肋排每面的煎制时间是3分30秒，不能更长，但可以将时间缩短一些，如果您喜欢带粉色的肉。烹饪中可以把肋排放在百里香上煎一下，这么做是为了让香味混合甚至增强香味。

→ 可以经常翻动一下猪肋排，您会获得更均衡的烹饪效果。最主要的是，可以避免肉排下面那层肉煎成硬壳。

→ 结果您煎的猪肋排会更软嫩。

→ 油汁中的百里香和碎蒜会释放出很多香气随油烟飘走,如果您时常把猪肋排翻面,肋排会吸收一部分香味,变得更有滋味,这就是烟熏的原理。

06

从煎锅中取出肉排,火调小但不能关。用铝箔纸覆盖肉排后静置5—10分钟,在这期间肉排中的汁水会渗出变稠。

→ 在静置期间,肉排表面会变软,这是因为吸收了肉中的汁水。

07

将猪肋排重新放在煎锅中,用大火给每一面加热20秒。

→ 重新加热会让肉排表面重新变得酥脆。

08

可以出锅了!撒点盐和用研磨器磨出的胡椒粉后,就可以直接上桌了。

您刚刚用4种调配料做了一道让人惊喜的菜肴,厨艺是不是有点神奇呢?

一块好的猪肉需要有很多油脂吗?

一块漂亮的猪肋排是一块带着油脂的肋排,这些油脂能给肉带来很多香味。这也证明猪肋排是来自一头有品质的猪,而不是工业化生产出来的。

为什么在煎的过程中给肉排翻面?

如果您在烹饪中仅仅给肉排翻一次面,猪肋排表面会过熟,而且会很干。如果您每隔30秒翻一次面,表面这层就不会过熟过干,依然很细嫩。同时,热力会渗入到肉中。这真是需要掌握的顶级技巧。

慢火炖出的猪脸肉

这可是法国街头小餐厅里最为传统的菜肴了——慢火长时间炖肉。但还有几个需要掌握的小技巧，可以让这个菜肴更有滋味更出色，提前一天准备只会更好。

想了解更多，请关注这几点：
炖肉
如何获得更多肉汁？
胶原蛋白是什么？

提前准备，如果能提前1天准备会更好
准备时间：20分钟
烹饪时间：3小时30分钟

6人份备料

- 18块猪脸肉
- 2根胡萝卜，去皮后切成小块
- 1颗大洋葱，去皮后切成小块
- 1根丁香，插在洋葱块上
- 4头大蒜，去皮后用刀背压碎
- 5根百里香
- 1片月桂叶，纵向切成两半
- 20毫升干白葡萄酒
- 50毫升猪高底汤或小牛肉底汤（也可以用冷冻的代替）
- 3汤勺橄榄油
- 1汤勺黄油
- 海盐和胡椒粉

01

将烤箱预热到140℃，同时准备一个大炖锅用中火加热。

02

在一个大沙拉盆里，倒入猪脸肉和橄榄油。用手或其他器具搅拌，让橄榄油与每块猪脸肉都有充分接触，使肉的每一面上都有一层橄榄油薄膜。

03

将几块猪脸肉放在加热后的炖锅里煎，并上下翻动几次。取出并放在另外一个大盘中，再用同样的步骤煎剩下的猪脸肉。

→ 千万注意猪脸肉每次不要放太多，这样煎的效果不好。

04

在同一炖锅中（注意不要刷锅），调至小火，向锅里放入胡萝卜、丁香、洋葱、大蒜、百里香和月桂叶，稍微放一点盐，翻炒大概5—6分钟，直到洋葱变透明。换大火，倒入白葡萄酒煮5分钟左右，蒸发出一半的水分。加入40毫升底汤，快开锅前将猪脸肉并排摆好放在蔬菜上。实际上，您正在为最后的调味汁做充分准备。

→ 在煎肉过程中，肉排出的肉汁落在锅底，蔬菜中的水分和底汤与锅底肉汁混在一起，最后菜肴的汤汁基本成形。

→ 当您在锅里小火翻炒蔬菜时，它们包含的一部分水分也随之蒸发。撒点盐只会加快这个蔬菜水分蒸发的过程，蔬菜的香味会更集中。

05

给炖锅加上锅盖，然后放在烤箱的中央位置，将烤箱烹饪时间调为3小时。

→ 在烤箱烹饪过程中，用大火加热汤汁后会形成蒸汽，然后在锅盖上液化再落回到肉上。在这个过程中，猪脸肉不断被水珠滋润。

06

烹饪结束，从锅中取出猪脸肉，摆放在盘中。把锅里的汤汁用纱网过滤一下，倒入一个大碗里，同时也把蔬菜压碎收取最后的几滴汤汁。把过滤后的汤汁重新倒进锅里，用小火烹调。加入黄油搅拌一下，然后用2—3分钟收汁。

→ 黄油会给汤汁带来圆润口感和悠久余味。圆润的意思是说入口后香味很温润，不刺激，而悠久则意味着香味在嘴里停留的时间长。

07

重新把猪脸肉摆放回炖锅，然后用汤汁浇盖。盖上锅盖，然后至少静置1小时，如果可能的话，甚至可以静置到第二天。

→ 在静置期间，汤汁会渗入肉纤维中。每一口肉都会带有一点汤汁，所以会产生这块肉比实际更多汁的感觉，其实并没有很多汤汁渗入到肉中。这也是这种汤汁炖肉菜的传统处理方式，提前一天准备好第二天吃，味道肯定会很好。

08

就餐的当天，将炖锅用小火加热15分钟，用盐和刚研磨的胡椒粉调味。配菜可以是家里做的土豆泥、水煮小圆白菜或者沙拉。

这样的猪脸肉值得炫耀，肯定能获得好评！

为什么这么小的肉块却需要3个小时的烹饪时间？

猪脸肉属于"硬肉"类别，因为肉中有胶原蛋白。为了将这块硬肉转变为嫩肉，需要慢慢分解掉胶原蛋白。这个过程需要一个湿度高，但温度不太高的环境。胶原蛋白分解后转变为明胶，能给肉和汤汁带来许多滋味。

什么是猪脸肉？

其实这是块很瘦的肉，当经过长时间慢火烹饪后，肉会变得很柔软很美味。从传统意义上讲，猪脸肉属于杂碎类，但专卖杂碎的店，又有多少呢？幸运的是，如果需要，您可以在一般的肉店里预订到猪脸肉。

不用底汤，用白水可以吗？

当然可以，只是口感会不好。当一块肉在水里煮时，会产生一个平衡现象，肉的香味会稀释到水中。而当肉与底汤一起煮炖时，底汤已经有很多香味，肉则不需要释放出太多的香味来与之平衡，所以肉会更香嫩更美味。

封香烤方块羊排[1]

这是道做起来非常简单的菜肴，而且端上桌时会让您家里的客人惊叹不已。如果您很久没请岳母大人吃饭了，这可不太好。下周末请她来家里坐坐吧，如果做这道菜肴，她肯定会高兴的。

想了解更多，请关注这几点：
学习如何用盐腌制肉
整块烘烤
如何获得更多的肉汁？

准备时间：20分钟
盐腌时间：3小时
烹饪时间：30分钟

6人份备料

- 2 块方块羊排，第一节到第二节脊椎的部分
- 肋排中间的筋最好断开，这样方便切割
- 1汤勺橄榄油

调味汁
- 500克的羊碎肉和砍断的羊骨
- 半颗洋葱，去皮切成小块
- 半根胡萝卜，去皮切成小块
- 1头蒜，去皮切成小块
- 1捆香料（2棵欧芹，3—4根百里香），用葱叶包裹后捆好
- 1汤勺橄榄油
- 1汤勺黄油
- 3根龙蒿，去叶后剪碎
- 海盐

面包壳
- 10片面包片，最好是干的，去掉硬壳部分
- 1条鲥鱼，用水浸泡去掉咸味
- 2头蒜，去皮
- 1捆欧芹，去掉叶子
- 1捆龙蒿，去掉叶子
- 120克半咸黄油，静置在常温环境中
- 1汤勺熔化的黄油

01

在方块羊排上用刀在脂肪部分划出切口。

→ 但注意别划到肉上！这些小切口可以让我们的面包块挂在羊排上，而不至于滑落。

02

在方块羊排上撒盐，腌制一下，然后在常温下静置3小时。

→ 尽管再三强调过，还是要重复一下，盐渗入肉的速度非常缓慢。想让肉入味，就需要事先很长时间的准备。

03

准备调味汁。用中火或大火加热炖锅，放入橄榄油、碎肉及断开的骨头，并翻炒到变色。然后换小火，加入洋葱、胡萝卜、大蒜和1捆香料。撒少许盐，翻炒5分钟，直到洋葱变得透明。加入40毫升水，煮开后收汁至减少3/4的水分。大约20分钟，不用加盖。

04

准备面包层。在一个厨房搅拌机里，将干面包片压碎放入，随后放入鲥鱼、大蒜、欧芹和龙蒿。用搅碎机打碎成粉末状，然后将粉末倒入大碗中，留出1汤勺的空间放在一边。将黄油加入碗里，然后不停搅拌成一个面团。

05

将您的烤箱预热到180℃，然后将方块羊排放在一个大烤盘上，撒上橄榄油，保证所有的羊排表面都涂有薄薄的一层油。用大火加热一个大平底锅或炖锅，随后将方块羊排放在锅里，每一面（包括骨头面）都煎1分钟。

→ 鼓起的部分是油脂面，必须先煎。这样羊的油脂会轻微熔化，释放到锅里产生肉汁，随之粘到羊排的其他部位，同时又产生新的肉汁。需要注意的是，请最后煎带骨头的那一面。

06

将稍微煎过的方块羊排放在烤盘上。那煎锅或炖锅里的肉汁呢？请别浪费了，拿个汤勺收集起来，然后浇在方块羊排上。

→ 一定要浇到每一面，这些肉汁会给肉带来丰富的香味。

1　译者注，方块羊排，法语为Carré D'agneau，中国俗称扁担肉或羊外脊肉。

07

羊排竖着放在烤盘上，放入已经预热的烤箱的中间位置，烘烤
10分钟。

→ 以脊骨为底面的竖向烘烤会保证羊排两面的烘烤程度均匀，
无论是鼓起的还是弯曲的部分。

08

取出方块羊排，浇上刚才锅里的肉汁，然后包裹三层铝箔纸，
静置10分钟。同时，把烤箱调整为烤肉模式，设定最高温度。

最后

09

把锅里的调味汁倒入一个过滤器中，筛出蔬菜，但不压碎。然后
把蔬菜重新倒回锅中，加入黄油，用小火加热并搅拌一下。

10

撤掉3层铝箔纸，放平方块羊排，鼓起的面向上。将熔化的黄油
涂在肉排上，这会让面团更好地粘在羊排上，随后把面团均匀
地覆盖到肉排表面。最后把预留出的1汤勺香料粉撒在面团上，
用汤勺在背面轻轻拍打一下。放入烤箱，烘烤2—3分钟，仅仅
需要烤熟外层表面。

11

将方块羊排放在盘上，把切好的龙蒿撒在调味汁中，随后用小
碗盛好调味汁并端上桌子。

在桌上切开每块羊排。

为什么要准备一条鳀鱼？

    首先声明，羊排上不会带着鱼味，一点都不会有。这鳀鱼里有大量的谷氨酸和肌苷酸，这两种酸和鸟苷酸组成了亚洲广为人知的"鲜味"。这其实不是什么新鲜事，在1825年，布里亚·萨瓦兰就在他的《厨房里的哲学家》一书中用"渗透分子"（Osmazôme）来描述这一现象。

    在法国，很长一段时间内人们都在食用这个"鲜味"而又不曾注意到。比如在小牛肉底汤中，人们用含有大量谷氨酸的洋葱和胡萝卜与富含肌苷酸的小牛肉混在一起烹饪。两种酸类物质的混合产生了"1+1=3"的效果，香味超越了蔬菜香味和肉香。所以这一切都是为了说明，鳀鱼虽然体形很小，但会增强香料的香味，使它更有滋味。

吃什么配菜呢？

    方块羊排的香气如此丰富动人，所以只需要几种蔬菜的混合，用平底锅素炒一下，比如芦笋、一些新鲜的蘑菇、青豆等。

烘烧5小时的羊肩肉

这个菜肴最初的做法是用羊腿肉烹饪7小时，但后来被羊肩肉取代。因为肩肉更容易炖烂，香气更明显，而且它的油脂也能带来更多的圆润口感。相比之下，选谁就毫无疑问了。

想了解更多，请关注这几点：
如何选择炊具？
炊具的大小
炖肉
怎样获得更多的肉汁？

准备时间：20分钟
烹饪时间：6小时

4人份备料

- 1个羊肩，去骨后捆好，并将骨头打碎
- 2片羊颈肉
- 200克碎羊肉
- 1颗大洋葱，去皮后切成大块
- 2根胡萝卜，去皮后切成大块
- 20头大蒜，去外层皮，蒜瓣带皮
- 1捆香料（10棵欧芹，5—6根百里香，1根迷迭香），用大葱叶包住，用细绳捆好
- 20—25毫升干白葡萄酒
- 1汤勺橄榄油
- 海盐
- 1块干净布

→检查一下这块布，最好是用清水洗过，否则会有洗涤剂的化学味道。

炖锅用封口面团
- 300克面粉
- 1个生鸡蛋
- 1咖啡勺精盐

01

准备比羊肩肉稍大的炖锅，然后用大火加热。将肉块所有表面涂上橄榄油后放入炖锅中，每个面都煎一下，然后放在一个盘子上用铝箔纸包好。

→ 煎肉会增加肉的香味，也会产生更多的肉汁随后用作底汤料。

02

在同一个炖锅里（不要刷洗），将羊颈肉、羊骨和羊碎肉翻炒一下。将火力调小，把洋葱、胡萝卜、大蒜和1捆香料放入锅中，撒少量盐，然后翻炒直到洋葱变得透明。之后将白葡萄酒倒入翻炒，等水分几乎全部蒸发后，倒入1升水，盖上锅盖，用慢火煮1小时。

→ 您正在准备一个充满各种香味的真正锅底汤。

03

准备炖锅的封口面团。准备一个大沙拉盆，加入面粉、鸡蛋、盐和20毫升水，搅拌成具有弹性的面团。当然您也可以用厨房里的搅拌机来完成这件事。随后用薄膜包上面团，放在一边静置。

04

将您的烤箱预热到120℃，将炖锅中的底汤倒入一个容器中。

05

这是我们的一个厨房秘密，怎样能简单地把做好的肉从锅里取出——把一块干净的布放在炖锅的底部。然后在布中间放上羊颈肉、骨头、碎肉、蔬菜和香料，把羊肩肉放在它们上面。

→ 肉不能与汁水直接接触，而是用蒸汽蒸熟肉块。这是高级炖肉艺术，不是煮肉，也不是又炖又煮。

06

准备封口面团。在案板上将面揉成长条状，然后把炖锅锅盖盖上后用面封好锅体和锅盖的缝隙。必要时可以用手封紧，这是为了使锅体不漏气。

07

把炖锅放在烤箱的中间位置，烘烤5个小时。

→ 肉不会在肉汤中煮熟，而肉汤能产生带香味的水蒸气。锅底

的蔬菜和羊颈肉会在汤汁中失去它们的一部分香味，这些香味则又会被蒸发。因为锅的密封性，水蒸气不会被蒸发，而是凝聚在锅盖上，再落到肉块上，滋润肉块。这个过程在烹饪中是连续性的，这也保证了肉的滋味。

08

将用于密封炖锅的面去除，抓住炖锅中锅底布料的四角将炖肉等全部提出来。然后将布中的食材放在一个盘子上，并将上面的羊肩肉轻轻地挪放到另外一个热盘子里，用三层铝箔纸覆盖保温。

09

把布上的羊颈肉和骨头扔掉，它们已经完成使命，奉献出了所有的香味。把炖锅里其他的食料和汤汁用过滤器过滤，将过滤器里的蔬菜压碎榨汁。把获得的汤汁重新倒入锅中，用中火烧几分钟收汁使汤变稠。

10

将汤汁放在一个容器中，与羊肩肉一起端上桌。甚至不用刀具，只用汤匙就可以将肉分给各位来宾。

说真的，他们会完全为您的厨艺所折服！

为什么用这种烹饪方法？

最初这个菜肴用的不是羊肩肉，而是又柴又硬的老山羊肉。正是因为太硬，所以只能通过长时间的烹饪来使肉软化，然后才能食用。

在炖锅锅底放一块布，这是为什么呢？

在炖锅里烹饪时放块布，而出菜时抓住布料的四角，这样做可以让炖出的肉保持原形而不被弄碎。

为何用面来密封炖锅锅盖？

这个做法可以让您的炖锅完全密封，绝对不会有一丝蒸汽泄漏！这可是个很重要的步骤。您的羊肩肉会在一个完全密闭湿润的环境下蒸熟，变得入口即化。这种面通常被称为"死面"，因为是不会用来吃的。

完美主义者联合会

如果您跟我一样是完美主义者，可以用一块纱布把蔬菜、羊颈肉和骨头包在一起放在炖锅底部。然后再拿出另外一块纱布包好羊肩肉，放在上面。这样您取出羊肩肉的过程会变得更简单，而且可以直接在锅里将另外一块纱布包压碎过滤后丢掉。

逆转烤羊腿

通常人们是把各种香料撒在羊腿上，然后将烤箱温度调到180℃烘烤。前几章节我们提到，这些香料在烹饪过程中并不能渗入肉里。同样的食材，如果我们用几个窍门改变一下烹饪过程会如何呢？

想了解更多，请关注这几点：
如何选择炊具？
学习如何用盐腌肉
腌渍
给肉浇汁
静置肉块

6人份备料

- 1只去骨羊腿，大概2千克重
- 别忘了跟肉店要腿骨和一些碎肉
- 5头蒜，蒜瓣带皮
- 10毫升干白葡萄酒
- 2汤勺黄油
- 海盐
- 捆绑食材用绳

腌泡用料
- 1汤勺橄榄油
- 3头蒜，去皮后用刀背压碎
- 1根迷迭香，去掉叶子后剪碎

提前1天

01

将羊腿肉去骨的那面向上平放在案板上。均匀地撒上盐，可以用手揉搓一下。将羊腿翻面，另外一面也撒上盐。然后将羊腿卷起来，放进冰箱放置2小时，这也是盐开始溶解并渗入肉里所需要的时间。

→ 当盐分渗入肉里时，它会改变某些蛋白质的结构。一旦结构被改变，这些蛋白质在烹饪受热的过程中便不会排出肉中的水分，肉会依然多汁。但如果想要盐更深地渗入肉里则需要更多的时间，这就是要提前24小时用盐腌制一下肉的原因。

02

准备腌渍汁。准备一个小锅慢火加热橄榄油，随后加入蒜泥和迷迭香。加热5分钟后，关火并静置放凉。

→ 这点非常重要。在我们做羊腿的时候，如果想吃粉红色的嫩肉，中心部位的温度便不能超过55℃，而吃做得恰到好处的肉时，肉的中心温度大概是65℃。在这个温度下，大蒜是不会变熟的，依然是生蒜。所以要提前做好蒜，再放到腿肉上。

03

从冰箱里取出羊腿肉，然后去骨面朝上重新放平在案板上。从小锅中倒出一半的腌渍汁，用手在肉面上抹平，让其完全被腌渍汁覆盖。再将肉卷起来，去骨肉面朝内。最好是卷出一个粗细均匀的肉卷，这样烹饪效果会比较均衡。

04

每隔2厘米用细绳捆一下肉卷，注意不要捆得太紧，因为肉在烹饪过程中会膨胀。捆绑后用剩余的腌渍汁涂在肉卷外层表面。

→ 肉卷里外都涂上腌渍汁，这样效果会更好。

05

用薄膜包住肉卷，务必包裹得紧凑些，中间不能有空气，随后放入冰箱放置24小时。

→ 空气越少，腌渍的效果越好。

06

将您的烤箱预热到140℃。从冰箱取出羊腿肉卷，除去薄膜。选择一个比羊腿肉卷略微大一点的烤盘，但别太大。

07

将羊腿肉卷放入烤盘，在周边放上打碎的骨头、碎肉和带皮的蒜瓣。然后放入烤箱的中央位置，烘烤3个小时，其间将烤盘中的肉汁浇4—5次在肉卷上。

→ 在烘烤过程中会产生肉汁并落在烤盘中，当您将肉汁浇在肉上时，肉会收集失去的肉汁。

08

取出羊腿肉，放在一个大盘子里，用3层铝箔纸覆盖后静置20分钟。

→ 直接说吧，每次当我听说在这个静置过程中肉会变得"松弛"时，我都会很生气，这根本就是不实的传言。实际上肉的外表在烹饪过程中被略微烘干，吸收一部分依然保留在肉中央的水分，降温的同时也会让水分变得黏稠，仅此而已。

09

把您的烤箱温度升到最高，再将烤盘中的碎骨头和碎肉扔掉。取出蒜压碎后把蒜皮剔除，将蒜泥与烤盘中的肉汁混在一起搅拌。在烤盘内倒入白葡萄酒，然后用汤匙刮一下烤盘底部的肉汁，搅拌后再倒入一个小锅里，开小火，加入黄油，搅拌均匀后将其保温。

10

当烤箱温度变得烫手时，把羊腿肉重新放入烤盘，再推入烤箱中，烘烤10分钟。注意别烤焦，否则就太令人遗憾了。外表开始金黄酥脆时，取出羊腿肉，然后去除细绳，将腿肉切成片，加入盐和研磨后的胡椒。浇上一点调味汁，便可以上桌了！

您会注意到上桌时的羊腿肉非常细嫩。

羊腿肉，不是通常在180℃下烤吗？

您烘烤肉的温度越高，肉越容易发干。同时肉的表皮部分和里面的成熟度也越有差距。用一个比较适中的温度，烹饪时间更长些，最后烘烤出的肉更加多汁柔嫩，同时内外也更均衡。

这么好的羊腿肉，可以用自家做的土豆泥搭配吗？

这道菜肴还是相对简单的，所以搭配简单的配菜就足够了。自己做一份土豆泥，您还可以玩耍一把，在土豆泥里挖个坑，把调味汁倒进去。

为什么在腌渍时不加盐？

这很简单，因为盐只能在水中溶解，而不是油里。如果盐粒被油脂包裹住，油脂就形成了盐的保护膜，隔离了盐粒和肉中的水分。因此，盐不会被溶解，只能停留在颗粒状态。

纳瓦里诺烩羊肉

为了庆祝春日的回归，最好的美食就是这道法餐经典菜肴了。烩羊肉，轻盈又富有色彩，包括橙色（胡萝卜）、绿色（豆子）、紫色（紫胡萝卜）和白色（新洋葱）。这道菜会令人感到愉悦！

想了解更多，请关注这几点：
根据烹饪方式决定肉块大小
炖肉
杂烩
怎样获得更多的肉汁？
底汤和汤汁

准备时间：20分钟
烹饪时间：2小时20分钟

6人份备料

- 600克羊肩肉，切成均等的6块
- 600克羊腿肉，切成均等的6块
- 3升羊底汤（新鲜或冰冻均可）
- 1捆香料（5棵欧芹，5—6根百里香，1根迷迭香），用大葱叶子包住，用细绳捆好
- 3头大蒜，去皮后用刀背压碎
- 1颗洋葱，去皮后切成小块
- 1根胡萝卜，去皮后切成小块
- 2汤勺橄榄油
- 海盐

配菜
- 1捆新鲜胡萝卜，去皮，保留2厘米的茎叶
- 1捆干葱
- 1捆新鲜紫胡萝卜，去皮，保留2厘米的茎叶
- 1/4捆新鲜小萝卜，去根，保留1厘米的茎叶
- 200克青豆
- 400克新鲜土豆，用水清洗干净
- 125克黄油
- 1咖啡勺的白糖
- 1大张厨房用纸

01

准备大汤锅，用中火将底汤收汁至水分减少2/3的程度。

→ 用大汤锅收汁会比较快，因为空气接触面积大，水蒸气更容易蒸发。

02

将您的烤箱预热到140℃。把一个铸铁炖锅放在中火或大火上加热，再将羊肉块放到一个大沙拉盘中，浇上橄榄油后搅拌均匀，让每块羊肉都有一层薄膜似的橄榄油层。

→ 肉的温度比较低，会使橄榄油在烹饪过程中降温。如果没有肉来给油降温的话，油会被火力烧焦。这就是要把油涂在肉上，而不直接倒在锅里的原因。

03

当炖锅烧热后，把4—5块羊肉放入锅中，相互之间留有间隔。

→ 在煎制过程中，肉会失去水分，如果这些水分被肉块压住就不能变为水蒸气蒸发，而肉也就不能煎得金黄。

04

煎制肉块1—2分钟，注意翻面使每个面的煎制时间保持一致。然后取出并放在一个大盘子上。

05

将炖锅的火调小，向锅里加入1捆香料、大蒜、洋葱和胡萝卜。撒一点盐，然后翻炒一下，直至洋葱变得透明。

→ 盐会吸收蔬菜中的一部分水分。一旦没有滋味的水分蒸发后，蔬菜会变得更有滋味，做出的汤汁也更鲜美。

06

把已经收过汁的羊肉底汤加到炖锅里，同时一定要刮一下锅底。将羊肉放在蔬菜层上面，盖上锅盖，然后放在烤箱里烘烤1小时30分钟。

07

准备一些蔬菜，用一个大平底锅，小火加热。放入黄油、糖和两汤勺水。等开锅后加入紫胡萝卜、胡萝卜、洋葱和小萝卜。将一张烹饪用纸覆盖在锅上，在纸中间剪出一个孔，让多余的蒸汽可以喷出，然后继续用小火炖20分钟。

→ 蔬菜不会失去太多水分，因为在厨房用纸和蔬菜之间没有多少空隙。

08

另外准备小煮锅把土豆煮熟，大约需要15分钟。

09

用煮锅加热一锅水，水沸腾以后，把青豆放进去。煮1—2分钟。然后滤掉热水后，将青豆放入一个盛满冰水的水盆内，这是为了将烹饪过程终止。

10

检查一下锅里的蔬菜是否煮熟，如果锅里还有些水，需要把烹饪纸取走，让水分蒸发。将青豆倒入锅中，搅拌2—3分钟，给锅里的蔬菜降温。

→ 在烹饪过程中，黄油、糖和蔬菜汁混合成了糖浆状，会粘在蔬菜上给蔬菜带来一层光泽。

11

检查一下羊肉是否熟了，然后取出放在一个经过加热的大盆里面。如果您觉得锅里的汤汁不够黏稠，还可以用大火继续加热2—3分钟。如果您希望汤汁再多一点，可以添加一些羊肉底汤。汤汁准备好后，浇在羊肉上，并在肉周边摆好蔬菜。

您看到这完美的汤汁，还有这些稍微带着清脆和甜味的蔬菜了吗？这些春天的色彩漂亮吗？赶紧上桌去品尝这道您精心准备的完美佳肴吧。

为什么将肩肉和腿肉放在一起？

这两块肉的质感和滋味是不同的。腿肉略微偏干燥些，而肩肉有些油腻。正是两种肉的不同才给烩羊肉带来了丰富口感，就如同法式炖肉火锅里也要用不同的肉一样。

为什么叫纳瓦里诺烩羊肉？

据说是因为在1827年纳瓦里诺海战期间，海军上将要求船员们把烩羊肉中的米饭换成各种蔬菜，来保证船员们维生素的摄取。所以从那以后，这道菜的名字便叫纳瓦里诺烩羊肉。

肉块的大小重要吗？

非常重要！您务必在买肉时说明，需要店家把肉切成均等大小。否则小块的肉很快熟透时，大块的肉还没熟透。这是非常简单的道理，不是吗？

世界上外皮最酥脆的烤整鸡

您看到过中餐烤鸭餐厅的橱窗里那些烤鸭吧？挂在橱窗里或通风处的原因是要风干一下表皮，这样鸡和鸭的皮在烘烤后会变得酥脆。

想了解更多，请关注这几点：
盐腌和腌渍
整块烘烤
静置肉块

务必提前3天开始准备工作
准备时间：20分钟
腌制时间：12小时
风干时间：48小时
烹饪时间：3小时15分钟

4人份备料

- 1只整鸡，重量约2—2.2千克，清除内脏
→必须找一只值得这么做的好鸡，比如布雷斯鸡。
- 海盐和胡椒粉

腌渍液
- 6升纯净水或矿泉水

调味汁
- 1听50毫升的啤酒
- 1颗洋葱，去皮后切成小块
- 1根胡萝卜，去皮后切成小块
- 2朵巴黎生菇，清洗后切成小块
- 2头蒜，去皮后用刀背压碎
- 15根百里香
- 70克黄油，放置于常温环境中
- 3汤勺优质干白葡萄酒
- 20毫升鸡肉肉底汤
- 1根龙蒿，去叶后切碎

提前3天

01

将鸡腿、鸡翅与鸡的身体分开，留出空间。

→ 当鸡腿和鸡翅紧贴着鸡身体时，烹饪时间会更长，鸡胸肉也会因此变干。如果在烘烤中将鸡翅、鸡腿与鸡身体分开，烘烤会更均衡。

02

将手指插入鸡的皮肉之间，分离鸡皮与鸡肉，注意别弄破鸡皮，从鸡胸开始会比较简单。

→ 在烹饪过程中，肉会失去一些水分，如果皮与肉分离的话，鸡皮会更容易酥脆。

03

准备腌渍。将整鸡放进一个大的炖锅中，加水并保证水的高度到超过整鸡5厘米处。然后准备好水量的6%的好盐，加入水中。比如4升水需要加入240克盐（随后，每多加半升水，便多加30克盐）。让盐在水中慢慢溶解，随后翻转整鸡，将鸡胸腔位置的空气放出来，随后将整鸡在锅里放平。盖上锅盖，将整个炖锅放进冰箱腌渍12小时。

→ 将鸡胸腔里的空气放出有利于整只鸡都沉浸在盐水中。

提前1天

04

用冷水冲洗整鸡，用大炖锅将水烧开，同时准备一个大沙拉盆装满冰水。将整鸡放入沸水中煮30秒，然后取出放入冰水里。随后再将整鸡放入沸水30秒，之后再放入冰水中冷冻一下。最后从冰水中取出整鸡，用干净餐布把鸡内外的水擦干。

→ 质量比较差的油脂会因为冷热作用熔化并流出，因为使用冰水可以终止烹饪，也能避免鸡肉变熟。

05

把一听未开封的啤酒罐洗净擦干，然后插入整鸡的胸腔内，随后让整鸡竖立在啤酒罐上，底下用一个盘子接住。然后静置风干2天不用覆盖任何物品。

→ 鸡皮中的水汽会逐步蒸发，而鸡肉因鸡皮的保护不会变干。

06

将烤箱预热到120℃。把啤酒罐从鸡胸腔里取出,倒出一杯的量后将剩余啤酒保留在啤酒罐里。在啤酒罐上方扎出几个大洞,随后再竖着插入鸡胸腔。把整鸡和啤酒罐一起竖放在一个烤盘上,将洋葱块、胡萝卜、巴黎生菇、大蒜和百里香围绕着整鸡散放在烤盘上。在整鸡表面涂上50克黄油后放入烤箱,烤盘的位置要靠下,使得整鸡位于烤箱的中间位置。将鸡胸调整向外靠近烤箱玻璃门,越接近越好,然后整体烘烤3个小时。
➔ 烤箱玻璃门处不会散发出太多的热力,所以把鸡胸部分靠近玻璃门不会让它因为烤得过快而变干。

07

从烤箱中取出整鸡,保持矗立在啤酒罐上的状态静置20分钟。将烤盘上的所有蔬菜放到一个过滤器上用来收集汤汁,这便是烤整鸡的调味基础汁。

08

把烤箱温度调到最高,当温度到达设定值后将整鸡再次放入烤箱中。依然让整鸡矗立在啤酒罐上,但这次不用调整位置,主要是为了将肉烤酥脆,但注意别烤干,过程约10分钟。

09

用中火加热带有汤汁的锅,并往锅中加入干白葡萄酒和鸡肉底汤。将汤收汁蒸发出一半水分后,停火放入黄油和龙蒿碎。撒盐和胡椒粉,搅拌后倒进调味汁碗中,便可以上桌了。

10

将整鸡端上餐桌,并将啤酒罐抽出,在桌上将鸡切块。

您切鸡肉时是否听到了鸡皮脆裂的声音?您能想象出入口时的感觉吗?您能看到鸡皮下肌肉带着闪闪发光的汁水吗?这样做出来的烤鸡真是令人疯狂!

整鸡风干后会发生什么改变?

鸡皮中水分约占3/4,只要鸡皮还含有水分,它就不能被烤得酥脆。

让整鸡在冰箱里风干后,一部分水分会慢慢蒸发。水分蒸发后,鸡皮就会很容易被烤得金黄酥脆。

盐水腌渍后会发生什么改变?

我们已经讲过许多次,盐水腌渍后肉会保持多汁。根据不同部位和不同肉类,至少在烹饪中能多保留肉中20%的水分。

这已经不少了,不是吗?

为什么要用啤酒罐?

需要一个大的啤酒罐,比如50毫升类型的。这很重要,因为它必须空出一半,另外还必须很干净。特别是在烹饪中要它插入整鸡的胸腔,使得整鸡能伫立在烤盘上,没有任何一个部位被压住,所以整只鸡的所有部位的表皮都会烤得金黄酥脆。

鸭胸肉

当然您可以继续在平底锅里用油煎鸭胸肉，因为大家都这么做。但仔细看看，鸭胸肉一边是肉，另外一边则是油脂和皮。您想让这完全不同的两边怎样均衡地熟呢？

想了解更多，请关注这几点：
温度和厨房用温度计
盐腌和腌渍
炒肉

准备时间：5分钟
盐腌时间：1小时
烹饪时间：5分钟+1小时

4人份备料

- 2块高品质鸭胸肉
- 海盐和胡椒粉
- 缝纫用针

01

将4汤勺的盐平铺在一个盘子里，然后把鸭胸肉放在上面，调整油脂和鸭皮面使其能接触到盐。然后在常温下静置1个小时。

→ 盐的溶解过程是一个吸收水分的过程，所以鸭皮里的水分会被盐分吸收，而鸭皮在煎制时会变得金黄酥脆。

02

把附着在鸭皮上的盐刮去，然后用一块干净的布把鸭胸肉擦干，将烤箱预热到80℃。

→ 我建议您用厨房温度计测试一下烤箱温度，因为会有60—100℃的误差。

03

把缝衣针清洗干净，然后用针在鸭皮上扎50针左右，控制力度使针仅穿透皮层和油脂层即可，但不要扎到鸭肉上。

→ 不用担心，针眼很小，一旦肉熟后根本看不见痕迹。

04

准备平底锅并用中火加热，然后把鸭胸肉放在平底锅上，使鸭皮部分向下接触锅底。两块鸭胸肉在锅里要保持足够的间隔，煎制5分钟，使熔化的油脂不断流出。

→ 您用肉眼肯定看不到，其实很多油脂熔化后会通过您扎出的小孔流出。

05

轻轻压一下鸭皮，看到鸭皮变得金黄后翻面，将鸭肉面煎2分钟。然后将其取出并放到一个铁盘上，还是鸭皮面向下，放入烤箱烘烤45分钟。

→ 低温烹饪可以避免肉纤维收缩排出更多汁水，肉依然会做熟而且鲜嫩多汁，在这个温度下可以获得均衡的烹饪效果。

06

检查一下鸭胸肉中心部位的温度，它应该在55—60℃之间才能获得带血的粉红的肉色。

07

烘烤结束后，将平底锅放在大火上加热，放入鸭胸肉，将鸭皮面煎2分钟，使得鸭皮重新变得酥脆。

08

将鸭胸肉取出，切掉鸭肉周边过多的鸭皮，切片后摆盘。

→ 最好是切成斜面，这样会切断肉纤维。使得入口后咀嚼的感觉更好，让人感觉更柔嫩。

09

撒一些盐和胡椒粉后即可上桌。

为什么不按常规做法在鸭皮上切几个口？

通常人们在鸭皮上切几刀，并解释为这是在防止烹饪过程中肉紧缩变形。这种说法实际上是错误的。

事实证明，肉煎好后切口处依然有很大的缝隙。无论有没有切口，鸭皮都会紧缩。

为什么要在烹饪前用盐腌一下鸭皮？

鸭皮里水分很多，为了让鸭皮变得更加酥脆，必须要减少鸭皮中的水分含量。当我们在烹饪前撒盐腌制的时候，盐会吸收皮中水分，让皮变干。于是煎制后，鸭皮容易变得酥脆，也不会为了让鸭皮酥脆而将鸭肉烹饪得过熟过干。

为什么不先切掉鸭肉周边过多的鸭皮？

千万别这么做！我们刚刚说到鸭皮在烹饪中会受热紧缩变形，这些多余的鸭皮也会变相紧缩。但会紧缩多少呢？实际上，鸭的品种不同，鸭皮变形收缩的程度也不同。所以在烹饪后再去除鸭皮会保证鸭皮与鸭肉适量搭配。

为什么用烤箱完成煎制？

鸭胸肉的烹饪有个技术难点，即鸭胸肉两边是完全不同的，因此需要不同的温度和烹饪时间。为了获得一个好的结果，得准备一个热平底锅煎鸭皮和一个不太热的煎鸭肉。为了解决这个问题，窍门就是用平底锅煎鸭皮，然后用烤箱的低温挡做熟鸭肉。这样既保证鸭肉整体都能熟，也避免了鸭肉过熟和干柴。

为什么要用针扎鸭皮？

这是件有趣的事情。在烹饪过程中，皮下油脂经过加热会熔化掉一部分。这些肉眼看不到的小针孔会让熔化后的油脂流到平底锅上，从而避免了煎肉后皮下有过多的脂肪。

炸鸡腿

您家有小朋友喜欢吃鸡腿或者会突然有情绪低迷的朋友到访家里吗？不要去肯德基和麦当劳吃炸鸡腿了，给您一个能做出美味清爽、多汁多味的炸鸡腿的好方法！

想了解更多，请关注：
腌制
_____

最好早上或提前1天准备
准备时间：20分钟
腌泡时间：2小时到24小时
静置时间：2小时
烹饪时间：15分钟

6人份备料

- 6只高品质的鸡腿，去骨去皮

香料和腌泡
- 2咖啡勺蒜粉
- 2咖啡勺帕布莉卡辣椒粉
- 2咖啡勺干牛肉汁
- 1咖啡勺欧芹粉
- 少许磨碎的肉豆蔻
- 半咖啡勺的红辣椒粉
- 1咖啡勺研磨的胡椒粉
- 1/3 咖啡勺海盐
- 30毫升酪乳（或用20毫升牛奶与半罐酸奶混合）

调味汁
- 2汤勺黄油
- 1颗洋葱，去皮后切成丁
- 3头蒜，去皮后切成小块
- 1咖啡勺玉米粉
- 20—25毫升牛奶
- 20毫升鲜奶油
- 海盐和胡椒粉

油炸
- 1.5升花生油
- 1份鸡蛋液
- 半咖啡勺盐
- 100克面粉

- 50克玉米粉
- 半袋化学酵母（发酵粉）

烹饪当天的早上或提前1天

01

将一根鸡腿肉放到案板上，用平底锅或刀背将鸡腿肉拍至厚度1厘米，其他鸡腿肉也做同样处理。

02

准备香料和腌泡汁，把所有的香料、盐和蒜均匀地搅拌在一起。分出2/3的汁在烹饪时使用，并在剩余1/3汁中倒入酪乳，搅拌好作为腌泡汁。

03

将鸡腿肉上粘满腌泡汁，然后用薄膜包好。将其放入冰箱，放置至少2个小时，或者放到第二天。

烹饪当天

04

从冰箱里取出鸡腿肉，刮去过多的腌泡汁，随后静置2小时，让肉升温至常温状态。

05

准备调味汁。在大平底锅中用小火熔化黄油，然后加入洋葱和盐，在火上静置3—4分钟。然后加入蒜，搅拌后小炒2分钟。接着放入玉米粉，煮1—2分钟直到玉米粉完全被黄油吸收。然后倒入牛奶和鲜奶油，煮几分钟收汁变稠。然后根据个人口味加盐和胡椒。

06

准备油炸。将锅加热直到油温升到160℃。
→ 油炸食品吃起来不油腻的秘诀是让油温始终保持很高的状态，鸡腿肉和面粉中的湿气会被蒸发，从而排斥油的渗入。反之，如果油温不高，湿气自始至终排不出去，也就没有水蒸气排斥油的渗入了，所以会使肉非常油腻。油炸时应选择开口大的锅，比如炸锅或者汤锅。

07

将烤箱预热到140℃。准备一个沙拉碟将香料与鸡蛋液混合，加入盐、面粉、玉米粉和酵母。再加入3汤勺的腌泡汁，搅拌均匀。

→ 因为有腌泡汁，会形成湿气泡在热油中释放，让油炸食品更酥脆。

08

让鸡腿肉均匀地粘满油炸液。

→ 最好是切成斜面，这样会切断肉纤维。这样入口后咀嚼的感觉会更好，让人感觉更柔嫩。

09

检查油温时，可以把一小块面包扔进去，如果30秒内变成金黄色，则温度合适。把鸡腿肉小心地放进油锅里，不要触碰和翻面，直至炸得金黄。大概2分钟后翻一下面，再煎炸2分钟。

10

取出炸鸡腿肉，放在双层吸油纸上，再用一张吸油纸轻轻敲打鸡腿肉朝上的一面，这样可以排出肉中90%的油。

11

把炸鸡腿肉放到烘烤架上，推入烤箱。别忘记在下面放一个烤盘来收集掉落的碎渣。

这样鸡腿肉依然会保持很高的温度，可以将油脂排出，挺神奇的吧？

→ 千万别用烤盘，因为水蒸气会被锁在鸡腿肉的下面，让油炸部分变软。

12

把您的调味汁再加热一下，倒入小碗中。从烤箱里取出炸鸡腿肉，一起端上桌。

可以给您的孩子们或情绪低落的朋友们上菜了，他们会欢呼雀跃的，这难道不是很幸福的时刻吗？

酪乳是什么？

外观近似牛奶，但里面有些块状的东西，口感上类似酸奶，带些酸味。在制作黄油的过程中会产生一种发白的液体，被俗称为酪乳，即乳清。通常人们用这种略微有点酸的酪乳去腌泡禽类肉。

为什么不用鸡胸肉？

您可以想一下，烤整鸡时，最好吃又最多汁的部分是哪里？鸡胸还是鸡大腿？当然是鸡大腿好吃，所以炸鸡肉是用鸡大腿。

化学酵母有何作用？

与腌泡汁的水分混合后，酵母会产生其他物质，让油炸面体积膨大，口感更轻盈。这也是一种非常棒的烹饪技巧。

烤全鹅

请注意，鹅骗人的能力极强。鹅虽然很肥，但它的肉其实很瘦。鹅身上可以吃的部位其实比我们想象的少很多，技术要点是烹饪过程要温柔，用长时间烹饪来避免鹅肉变干。

想了解更多，请关注这几点：
盐腌和腌渍
整块烘烤
底汤和汤汁

准备时间：45分钟
风干时间：24—48小时
静置时间：30分钟
烹饪时间：5小时30分钟

10人份备料

- 1只整鹅，重约4—4.5千克，肝和其他内脏摘出做调味汁
- 1咖啡勺海盐
- 胡椒粉
- 1根缝衣针

调味汁
- 鹅肝和其他内脏，切成小块
- 1汤勺鹅油
- 100克禽类肝，切成小块
- 1颗大洋葱，去皮后切成小块
- 2根胡萝卜，去皮后切成小块
- 4头蒜，去皮后用刀背压碎
- 1捆香料（5根香菜，2根百里香）
- 5毫升波特酒
- 40毫升干红葡萄酒
- 1升鸡肉底汤（或鸭汤）
- 50克黄油，切成小块
- 海盐

肉馅
- 400克生鹅肝，切成边长1厘米左右的正方体块状
- 400克小牛肉切碎
- 3头蒜，去皮后切成小块
- 3根干葱，去皮后切成小块
- 10根香菜，去叶后切碎
- 4汤勺面包粉

- 2个鸡蛋
- 2汤勺鲜奶油
- 20块烤小面包（边长约为0.5厘米的正方体小块）
- 海盐和胡椒粉
- 捆绑细绳
➔可以在买鹅的时候要一点。

提前1天或提前1个晚上

01
从鹅胸腔里小心地抽出分布在两侧的油脂球，直接扔掉。

➔ 这两个油脂球会给我们的鹅肉带来不好的味道。

02
用处理干净的缝衣针在鹅全身扎小孔，每隔1厘米扎1个孔，注意针孔的深度不能触及鹅肉。

➔ 鹅的油脂层厚度很大，这可以使它们在游水时抵御寒冷。油脂集中分布在鹅胸部，用针扎出的小孔可以让这些油脂在受热熔化时流出体外。

03
准备大锅并向内倒入一半的水，用大火将水烧到沸腾。抓住鹅脚，将鹅在热水里烫2—3分钟。然后用冰水冲5分钟，再抓住鹅翅膀将另外一部分在热水里烫2—3分钟，取出后冲凉。随后将鹅内外擦干。

➔ 当您将整鹅浸到热水里时，鹅的一部分油脂会受热熔化，从针孔中流出。

04
用盐涂满擦干的鹅表面，要轻压一下，让盐能够完全依附在鹅表皮上。随后将鹅放在一个烧烤架上放置24小时至48小时。

➔ 盐的作用是加速风干过程，这会使得鹅皮在烘烤后变得酥脆。

05
准备调味汁。用鹅油煎炒一下鹅内脏，大概7—8分钟，然后将内脏放在一个盘子里。随后翻炒一下鹅肝和禽类肝1分钟，炒好后放入一个碗里。将火调小，放入切好的蔬菜、大蒜和1捆香料，

撒盐后用慢火翻炒到洋葱变透明。加入波特酒，搅拌并刮一下锅底，用来蒸发掉部分水分。再加入干红葡萄酒，等水分蒸发掉一半后加水至蔬菜的高度。将内脏等放入锅里，用火慢煮。加入鸡肉底汤，不用加锅盖，继续煮至水分蒸发掉一半。

06

把鹅肝和禽类肝混在一起，用搅拌机打碎。把锅里煮的材料用漏斗过滤一下，压碎滤出的蔬菜。然后放凉，加入碎肝。在容器上封盖1层薄膜，放进冰箱里。

在夜里，香味会逐步释放并混合在一起。

烹饪当天

07

准备肉馅。准备一个加热后的平底锅，将切成小块的鹅肝在锅内翻炒1分钟。然后将所有肉馅的备料倒入一个大沙拉盆中进行搅拌，并加入鹅肝和锅里产生的油脂。把肉馅塞入鹅的胸腔，然后将鹅用细绳捆好。

→ 最简单的捆扎方法是找根针孔大的缝衣针，用针线将鹅缝好，最好是扎透鹅肉将鹅胸缝起来。

08

将烤箱预热到140℃。把鹅压住一侧的翅膀放在一个大烤盘上。将烤盘送入烤箱中央，调整位置，让鹅胸靠近烤箱玻璃。烘烤1小时30分钟，其间注意把烤盘中的汁水浇在鹅身上。随后将鹅翻面，使另外一侧的翅膀压在下方，继续烘烤1小时30分钟。如果烤盘中的油脂太多，可以取出一部分。烘烤结束后，将鹅平放在烤盘上，鹅背向下。在鹅上浇上油脂，放在烤箱内继续烘烤1个小时。

→ 让胸肉靠近烤箱玻璃是非常重要的一点，因为玻璃基本不释放热力，所以烘烤时的温度低一些。这正好是最适合做胸肉的环境，以免鹅胸肉发干。

09

4个小时的烘烤结束后，从烤箱中取出鹅，将油脂从烤盘中倒进一个大碗中，这可是改天做煎炒土豆块的最好油脂。静置全鹅20分钟，让温度降到接近常温，然后将烤箱温度升至最高。

10

在烤箱中烘烤一下表皮，大概需要10分钟的时间，其间要注意检查一下防止表皮烤焦。同时用小火加热调味汁，加入黄油块后要不停搅拌。

11

取出全鹅，撒上盐和胡椒粉。然后将调味汁倒入碗中，便可以上桌了。

快一点，大家都迫不及待地要品尝呢！

为什么要在前1天晚上盐腌鹅皮？

盐会吸收一部分鹅皮的水分，鹅皮在冰箱等的制冷空气中会继续变干。随后再烹饪，鹅皮就能变得魔鬼般酥脆！

肉馅

不要相信肉馅会给禽类肉带来香味的说法。因为真不是这样！原因有三个。

1. 腌泡时需要很长时间，香味才会渗透一点到肉里。所以您会相信仅需几个小时肉馅就能给禽类肉带来香味吗？真是个笑话！

2. 在胸腔里有一层膜，这层膜是用来隔离肉与内脏器官的，它有非常好的密封性。肉馅的香气是不能穿过这层膜的。

3. 在胸腔膜和肉之间还有胸腔骨，您会相信肉馅的香气在几小时内就能穿透骨头吗？

底汤和汤汁篇

当然，您完全可以用清水做法式炖肉火锅、白汁炖小牛肉或炖鸡，然后加入蔬菜。您也可以用水来给烹饪中的菜肴降温。但是您也可以做得更好，像那些烹饪大师一样。

想了解更多，请关注这几点：
如何选择炊具？
煮肉方法
麦拉德反应
滋味的故事

准备时间：10分钟
烹饪时间：至少6小时
静置时间：1小时

4升牛肉底汤备料

- 2千克牛肉（牛尾、牛腩、牛腿）
- 2根大腿骨
- 1千克打碎的牛盆骨
- 2颗大洋葱，去皮后切成两半
- 100克巴黎生菇，洗净后切成小块
- 3根胡萝卜，切成小块
- 2根大葱葱白，切成小块
- 6头蒜，去皮压碎
- 5根丁香
- 1捆香料（10棵欧芹，5—6根百里香，2片月桂叶均切两半），用大葱叶包裹后，用细绳捆好
- 2汤勺橄榄油

01

将烤箱预热到200℃，准备漂亮的铸铁炖锅。在大腿骨上涂点橄榄油，随后把大腿骨放在炖锅里，推入烤箱中烘烤30分钟，其间翻转几次大腿骨。等到大腿骨变成金黄色后，取出滚烫的炖锅。

→ 这看上去并不难，但是牛肉底汤烹饪的基础。通过烘烤大腿骨上的肉丝开始变得金黄，软骨也开始呈金黄色，而骨髓开始熔化，在炖锅锅底出现肉汁。简单地说，这些都散发出了不可思议的香味。

02

将大腿骨放在一旁的盘子里。用大火将炖锅加热到最热，然后放入牛肉和洋葱。过3分钟后给肉翻面，总共需要煎制5—6分钟牛肉。

→ 通过麦拉德反应，我们正在压榨出尽可能多的牛肉香味，锅里的洋葱变成琥珀色，也带来了特有的香味。

03

从炖锅里取出牛肉，放在一边的盘子里。将巴黎生菇、蔬菜、大蒜、丁香及香味菜捆放入炖锅，用小火炖5分钟。

04

将大腿骨和牛肉重新放回炖锅，向锅内加水直到水面高度超过肉5厘米即可。然后将锅用小火加热，注意水不能起波纹更不能沸腾。

→ 汤汁内偶尔会有一两个气泡冒上来，也许还有些白色的气体。您正在将肉中的香味完全渗透到水里。

→ 在这个温度下，不会有浮沫出现。

05

不要撒盐和胡椒，也不要搅拌及盖锅盖，在这种状态下慢火煮至少6个小时。

→ 在此期间，香味渐渐渗透到水里。没有味道的水分被蒸发，锅内液体的香气越发浓郁。如果看到肉或骨头露出汤面，就可以再加点水。接下来，让时间来做该做的事，这是一个香味渗透的过程。

06

慢火煮后，静置1小时放凉，然后用大漏斗或纱布过滤。

→ 用纱布更好，因为纱布会阻拦那些已经完全没有价值的小肉块或蔬菜。经过纱布过滤的底汤会更清澈，味道更饱满。

如此一来，这道香气逼人的底汤就做成了！

底汤，是种渗透方式

在准备一种底汤时，您不是在做肉，而是在做香味渗透，要让肉尽可能地将香味渗透到水里。就好像在准备一壶茶。这是您在做底汤时需要牢记的——渗透。

底汤可以冷冻

当您的底汤做好后，便可以用纱布过滤。随后倒入可封闭的容器里，放入冰箱冷冻。当您要用时再拿出来，比如准备一个法式炖肉火锅或炖鸡时……

泡沫和不洁净物

人们常说："得把锅里的浮沫和不干净的东西撇出来。"千万别听信这个，因为他们也不知道自己在说什么。首先"浮沫"是指水和不洁净物的混合体。在肉有不洁净的东西吗？那当您在户外烧烤时，您怎样处理这些肉或蔬菜里的不洁净物呢？事实上，什么都不用做。因为根本没有不洁净物！只有蔬菜和肉类。那些白色浮沫是变形的蛋白质，由油脂和空气混合而成。忘记那些不洁净物吧，但还得撇走这些浮沫，因为它会带来一种轻微的苦味。

怎样避免这些浮沫产生呢？

其实，看到美食书中提到"撇去浮沫"时，会感到非常有趣。如果我们不去处理它，有什么方法可以避免产生浮沫呢？

不产生浮沫或使浮沫极少产生的秘密是，在低于水的沸点温度下煮肉。

准备时间短

准备底汤或汤汁的时间很快，最多10分钟，不过煮汤的时间比较长。但我们不需要关心这点，因为放在火上不用去管，汤自然就煮成了。与此同时，您可以继续做自己喜欢的事情，比如看书，和朋友煲电话粥等。

底汤、汤汁、明汤、稠汤

底汤一般带着骨头煮了很久，目的是最大限度获取肉或蔬菜的香味。汤汁煮的时间通常较短，也没有骨头。

明汤是把底汤或汤汁用蛋清澄清后的半透明汤。

而稠汤是用汤汁做底加稠（将面粉和黄油炒黄后放入其中）。如果在汤里加入鲜奶油就是奶油汤，有时也加入蛋黄。

需要去油脂吗？

在液体冷却过程中，油脂会在表面凝结，您可以保留或去掉一部分油脂。如果您把所有的油脂都留下，底汤的味道不会很细腻但入口的回味会更长久。如果您去掉全部油脂，底汤的香气会更细腻。虽然如此，您也没必要扔掉这些油脂。在做沙拉汁的时候，它完全可以代替植物油做油醋汁，给清蒸蔬菜增添香味……

底汤和汤汁篇

215

小牛肉底汤

准备时间：10分钟
烹饪时间：至少6小时
静置时间：1小时

4升底汤备料

- 2千克牛肉（牛尾，牛腩，牛腿）
- 2根大腿骨
- 2千克打碎的牛盆骨
- 1颗大洋葱，去皮后切成两半
- 100克巴黎生菇，洗干净切成小块
- 3根胡萝卜切成小块
- 2根大葱葱白，切成小块
- 4头蒜，去皮后压碎
- 2根丁香

烹饪方式与牛肉底汤一样，用烤箱先烤腿骨然后再烤牛肉，接着处理蔬菜和巴黎生菇。最后加水，至少煮6小时。

羊肉底汤

准备时间：10分钟
烹饪时间：至少4小时
静置时间：1小时

3升底汤备料

- 1千克羊肉（羊胸，羊颈肉等）
- 1千克打碎的牛盆骨
- 2颗大洋葱，去皮后切成两半
- 100克巴黎生菇，洗干净切成小块
- 3根胡萝卜，切成小块
- 2根大葱葱白，切成小块
- 6头蒜，去皮后压碎
- 1棵芹菜，清洗好
- 1捆香料（5—6棵欧芹，5—6根百里香），用大葱叶包裹后用细绳捆好
- 2汤勺黄油

烹饪方式与牛肉底汤一样，用烤箱烤完腿骨后再烤牛肉，然后处理蔬菜和巴黎生菇。最后加水，至少煮4小时。

猪肉底汤

准备时间：10分钟
烹饪时间：至少6小时
静置时间：1小时

4升底汤备料

- 2千克猪肉（猪脸肉，猪背肉，猪肘等）
- 200克猪皮
- 1千克打碎的猪骨
- 1颗大洋葱，去皮后切成两半
- 200克巴黎生菇，洗干净切成小块
- 3根胡萝卜，切成小块
- 2根大葱葱白，切成小块
- 6头蒜，去皮压碎
- 5根丁香
- 1捆香料（10棵欧芹，5—6根百里香，2片月桂叶均切两半），用大葱叶包裹后用细绳捆好
- 2汤勺橄榄油

烹饪方式与牛肉底汤一样，用烤箱烤完腿骨后再烤牛肉，然后处理蔬菜和巴黎生菇。最后加水，至少煮6小时。

禽肉底汤

准备时间：10分钟
烹饪时间：2小时
静置时间：1小时

3升底汤备料

- 1千克禽类肉（腿，翅膀等）
- 3个碎禽类骨架（比如鸡骨架）
- 200克巴黎生菇，洗干净切成小块
- 3根胡萝卜，切成小块
- 2颗大葱葱白，切成小块
- 2个大洋葱，去皮后切两半
- 6头蒜，去皮压碎
- 2根丁香
- 1根芹菜，清洗干净
- 1捆香料（5—6棵欧芹，5—6根百里香），用大葱叶包裹后用细绳捆好
- 2汤勺黄油

烹饪方式原则上与牛肉底汤一样，但不用烘烤骨头，也不用煎肉和洋葱。在锅里先用温火焖蔬菜、1捆香料和生菇，然后加入禽类肉和骨架，加水煮2小时。

做出好底汤的黄金法则

水的质量

这是最基本的，因为水是汤的主要成分。如果您家里自来水有些怪味的话，务必用矿泉水或纯净水烹饪。不用花太多钱，但效果会完全不同。

不要加盐和胡椒

盐会放缓肉汁渗透到水里的过程。胡椒会在水里释放味道，如果加入的时间较早会变得苦涩。因此，请最后再加盐和胡椒。在过去，人们用胡椒的主要原因是为了保持卫生，它是很好的防腐剂。

煮汤的时间

为了让肉中的肉汁最大限度地渗透到水里，需要一段时间。禽类底汤至少需要煮2个小时，牛肉底汤甚至需要煮6个小时以上。

用什么炊具做汤

不能随便地用个普通的煮锅，煮锅或者炖锅的材料会直接对汤汁产生重大影响。因此，必须是铸铁的或不锈钢的锅。

煮汤的温度

注意不能用有波纹或沸腾的水。在这个渗透过程中，肉中的胶原蛋白会转化成一种味道很棒的明胶。水温一定要控制在刚刚有点白色气体，偶尔冒出来几个小水泡的状态。

检查汤汁的质量

把底汤或汤汁放置一夜以后，它应该会变成果冻状。这足以证明肉里的胶原蛋白已经完全转变成带着香味的明胶了。

附　录

参考文献

Alberti P., Panea B., Sanudo C., Olleta J.-L., Ripoli G., Ertbjerg P., Christensen M., Gigli S., Failla S., Concetti S., Hocquette J.-F., Jailler R., Rudel S., Renand G., Nute G.-R., Richardson R.-I., Williams J.-L., « Live weight, body size and carcass characteristics of young bulls of fifteen European breeds », *Livesock Science*, 2008.

Allen P., « Test du système MSA pour prédire la qualité de la viande bovine irlandaise », *Viandes & produits carnés*, 2015.

Barnes K. K., Collins T. A., Dion S., Reynolds H., Riess S. M., *Importance of cattle biodiversity and its influence on the nutrient composition of beef*, Iowa State University, 2012.

Bastien D., « Suspension pelvienne, un impact important sur la tendreté des gros bovins », *Viandes & produits carnés n°24*, 2005.

Bernard C., Cassar-Malek I., Gentes G., Delavaud A., Dunoyer N., Micol D., Renand G., Hocquette J.-F., « Qualité sensorielle de la viande bovine : identification de marqueurs génomiques », *Viandes & produits carnés n°26*, 2007.

Christensen M., Ertbjerg P., Failla S., Sañudo C., Richardson R.-I., Nute G. R., Olleta J.-L., Panea B., Albertí P., Juárez M., Hocquette J.-F., Williams J.-L., « Relationship between collagen characteristics, lipid content and raw and cooked texture of meat from young bulls of fifteen European breeds », *Meat Science*, 2011.

Collectif, *Les qualités organoleptiques de la viande bovine, bases scientifiques pour une bonne utilisation culinaire,* Centre d'information des viandes, 2004.

Contreras J., *L'alimentation carnée à travers les âges et la culture*, 12ᵉ Journée des sciences du muscle et technologies des viandes, 2008.

Cornu A., Kondjoyan N., Frencia J.P., Berdagué J.-L., « Tracer l'alimentation des bovins : déchiffrer le message des composés volatils des tissus adipeux », *Viandes & produits carnés n°22*, 2001.

Cuvelier C., Clinquart A., Cabaraux J.-F., Istasse L., Hornick J.-L., « Races bovines bouchères, stratégies d'orientation des viandes par analyse factorielle », *Viandes & produits carnés n°24*, 2005.

De Smet S., « Meat, poultry and fish composition; Strategies for optimizing human intake of essential nutrients », *Animal Frontiers*, 2012.

Dolle J.-B., Gac A., Le Gall A., *L'empreinte carbone du lait et de la viande bovine*, Rencontre Recherches Ruminants, 2009.

Durand D., Gatelier P., Parafita É., « Stabilité oxydative et qualités des viandes », *Inra Productions Animales*, 2010

Ellies-Oury M.-P., Durand Y., Delavigne A.-E, Picard B., Micol D., Dumont R., « Objectivation de la notion de grain de viande et perspectives d'utilisation pour évaluer la tendreté des viandes de bovins charolais », *Inra Production Animale*, 2015.

Escalon S., *Ne dites plus goût mais flaveur*, Inra, 2015.

Gandemer G., Duchène C., *Valeurs nutritionnelles des viandes cuites*, Centre d'information des viandes, 2015.

Geay Y., Beauchart D., Hocquette J.-F., Culioli J., *Valeur diététique et qualités sensorielles des viandes de ruminants*. Incidence de l'alimentation des animaux,

Inra Productions Animales, 2002.

Guillemin N., Cassar-Mallek I., Hocquette J.-F., Jurie C., Micol D., Listrat A., Leveziel H., Renand G., Picard B., « La maîtrise de la tendreté de la viande bovine : identification de marqueurs biologiques », *Inra Productions Animales*, 2009.

Hall J.-B., Hunt M.-C., « Collagen solubility of A-maturity bovine longissimus muscle as affected by nutrinional regimen », *Journal of animal science*, 1982.

Hocquette J.-F., « Les lipides dans la viande : mythe ou réalité ? », *Cahiers Agriculture*, 2004.

Hocquette J.-F., Botreazu R., Legrand I., Polkinghome R., Pethick D. W., Lherm M., Picard B., Doreau M., Terlouw E.-M.-C., « Win-win strategies for high beef quality, consumer satisfaction, and farm efficiency, low environmental impacts and improved animal welfare », Animal Production Science, 2014.

Hocquette J.-F., Gigli S., Indicators of milk and beef quality, European Association for Animal Production, 2005.

Hocquette J.-F., Ortigues-Marty I., Picard B., Doreau M., Bauchart D., Micol D., « La viande des ruminants, de nouvelles approches pour améliorer et maîtriser la qualité », *Viandes & produits carnés n°24*, 2005.

Hocquette J.-F., Van Wezemael L., Chriki S., Legrand I., Verbeke W., Farmer L., Scollan N.-D., Polkinghorne R., Rodbotten R., Allen P., Pethick D. W., « Modelling of beef sensory quality for a better prediction of palatability », *Meat Science*, 2014.

Jurie C., Martin J.-F., Listrat A., Jailler R., Culioli J., Picard B., « Carcass and muscle characteristics of bull cull cows between 4 and 9 years of age », *Animal Science*, 2006.

Kondjoyan A., Oillic S., Portanguen S., Gros J.-B.,« Combined Heat Transfer and Kinetic Models to Predict Cooking Loss During Heat Treatment of Beef Meat », *Meat Science*, 2013.

Manuel Juarez J., Larsen I. L., Klassen M., Aalhus J. L., « Évolution de la tendreté du bœuf canadien entre 2001 et 2011 », *Viandes & produits carnés*, 2013.

Martineau C., « Viande de veau, importance de l'évolution de la couleur après 24 heures post mortem », *Viandes & produits carnés n°26*, 2006.

Matthews K., « Le standard de qualité EBLEX : un exemple de démarche qualité en Angleterre », *Viandes & produits carnés*, 2015.

Micol D., Jurie C., Hocquette J.-F., « Muscle et viande de ruminant – Qualités sensorielles de la viande bovine. Impacts des facteurs d'élevage », *Quæ*, 2010.

Normand J., Rubat É., Évrat-Georgel C., Turin F., Denoyelle C., « Les Français sont-ils satisfaits de la tendreté de la viande bovine ? », *Viandes & produits carnés*, 2014.

Normand J., Rubat E., Evrat-Georgel C., Turin F., Denoyelle C., *Enquête nationale sur la tendreté de la viande bovine proposée au consommateur français*, Rencontre Recherches Ruminants, 2009.

Ouali A., Herrera-Mendez C. H., Coulis G., Becila S., Boudjellal A., Aubry L., Sentandreu M. A., « Revisiting the conversion of muscle into meat and the underlying mechanisms », *Meat Science*, 2006.

Ouali A., Herrera-Mendez C.-H., Becila S., Boudkellal A., « Maturation des viandes, une nouvelle donne pour la compréhension de la maturation des viandes », *Viandes & produits carnés n°24*, 2005.

Oury M.-P., Agabriel C., Agabriel J., Blanquet J., Micol D., Picard B., Roux M., Dumont R., « Viande de génisse charolaise, différenciation de la qualité sensorielle liée aux pratiques d'élevage », *Viandes & produits carnés n°26*, 2007.

Parafita É., « Les viandes marinées, que savons-nous sur le marinage des viandes ? », *Viandes & produits carnés n°28*, 2011.

Parafita É., « L'instabilité de couleur des UVCI de bœuf », *Viandes & produits carnés n°27*, 2009.

Pethick D.-W., Harper G.-S., Hocquette J.-F., Wang Y.-H., *Marbling biology – what do we know about getting fat into muscle ?*, Australian beef – The leader conference – « The impact of science on the beef industry », 2006.

Picard B., Bauchard D., « Muscle et viande de ruminant », *Quæ*, 2010.

Piccigirard L., « Cuisson industrielle des viandes, mécanismes et contraintes », *Viandes & produits carnés n°27*, 2009.

Polkinghorne R.-J., Breton J., « Qualité des carcasses et des viandes bovines pour le consommateur », *Viandes & produits carnés*, 2013.

Richard H., Giampaoli P., Toulemonde B., Duquenoy A., *Flaveurs et procédés de cuisson*, École nationale supérieure des Industries agricoles et alimentaires.

Thomas E., « État d'engraissement des carcasses », *Viandes & produits carnés n°23*, 2003.

Thompson J.-M, « The effects of marbling on flavour and juiciness scores of cooked beef, after adjusting to a constant tenderness », *Australian Journal of Experimental Agriculture*, 2004.

Thornberg E., « Effects of heat on meat proteins – Implication on structure and quality of meat products », *Meat Science*, 2005.

Tribot Laspière P., Chatelin Y.-M., « Le procédé « Tendercut », un impact non négligeable sur la tendreté de la viande de gros bovins », *Viandes & produits carnés n°25*, 2006.

致谢

首先，应该特别感谢的是我的太太，玛琳娜。她给了我足够的时间来写这本书。感谢亲爱的太太在这个过程中给予我的支持，你太有魅力了，我爱你！

十分感谢马拉布（Marabout）出版社的工作团队，可以说如果没有你们提供的帮助，我简直不能想象该如何完成这个撰写项目。

谢谢Emmanuel Le Vallois和Raphaële Wauquiez，给我充足的条件让我能向前推进这个项目和进行相应的研究，同时也得感谢你们能督促我进行大量信息的系统化处理。

感谢Alexandre Livonnet的版面设计，使得这些信息更易读。

感谢Agathe Legué在项目管理工作中对信息的日常更新。

感谢Marion Pipart对文字和图片所做的细化工作，说实话，这项工作真的不轻松。

感谢Sophie Villette为排版工作付出大量的时间，简直是不可想象的工作量。

还得感谢Anne Bonvoisin和Alizé Bouttier，未来需要你们完成后续工作……

要特别感谢Jean Grosson的精美绘图，为此你付出了大量时间，这可以说是一个让人疯狂的工作量！曾经大家都认为这本书无法完成，结果还是做到了。谢谢，这本书里有你的功劳。

还有那些曾经付出他们的宝贵时间来给我做一些问题的科学分析，提供相关知识和信息的朋友：

特别感谢Hervé This提供的信息检索、书籍，还有为了回复我的问题付出的宝贵时间。

同时感谢Jean-François Hocquette，他是法国国家农业研究院肉类课题研究室的负责人，提供给我成百上千的科学研究成果，为我的书提供了直接的帮助。还要感谢法国国家农业研究院的Émilie Parafita。

最后，感谢为我付出时间，为我提供各种难找又特殊的相关信息的朋友们。在此一起感谢，排名不分先后：

Charles Dufraisse，Éléonore Sauvageot，Patrick Duler，Éric Ospital，Joris Pfaff，Gérard Vives，Stéphanie Maubé，Alessandra Pierini，Chihiro Masui，Jean-François Ravault，Jacques Reder，Cédric Landais，Sylvie Horn，Xavier Épain和他的挚友Jean-Charles Cuxac，Francis Fauchère，Jacques Appert，Thomas S.B.，Claude Élissade，Vincent Pousson，Vincent Giroud，还有最后加入的Anne Etorre……

因为要感谢的人比较多，谢幕有点长，虽然不及电影《星球大战》的谢幕，但也差不多了。